传承·发展

——阿坝州嘉绒藏族织绣研究

杨嘉铭　杨艺　冯旸　著

四川省非物质文化遗产保护中心　出品

四川党建期刊集团　四川民族出版社

大金河畔的雪梨之乡——金川

小金四姑娘山转山会中当地藏族盛装

金川马奈锅庄跳演时嘉绒藏族的盛装

金川县嘉绒藏族中老年妇女服饰

纺毛线

穿自制白毪衫的嘉绒藏族男子

披单是嘉绒藏族妇女纺织的最具特色的服装之一

嘉绒藏区民间珍藏
的刺绣上装（旧）

嘉绒藏区民间珍藏的
刺绣毪子上装（旧）

成都华珍藏羌文化博物馆收藏的刺绣帐檐（旧）

成都华珍藏羌文化博物馆收藏的贴绣满襟围腰（旧）

成都华珍藏羌文化博物馆收藏的勾绣满襟围腰（旧）

国家级非物质文化遗产名录代表性传承人杨华珍与她的弟子之间的技艺交流

2013年6月，国家级非物质文化遗产名录代表性传承人杨华珍选徒拜师仪式

国家级非物质文化遗产名录代表性传承人杨华珍在阿坝州农村传授刺绣技艺

织毪子

织花毯

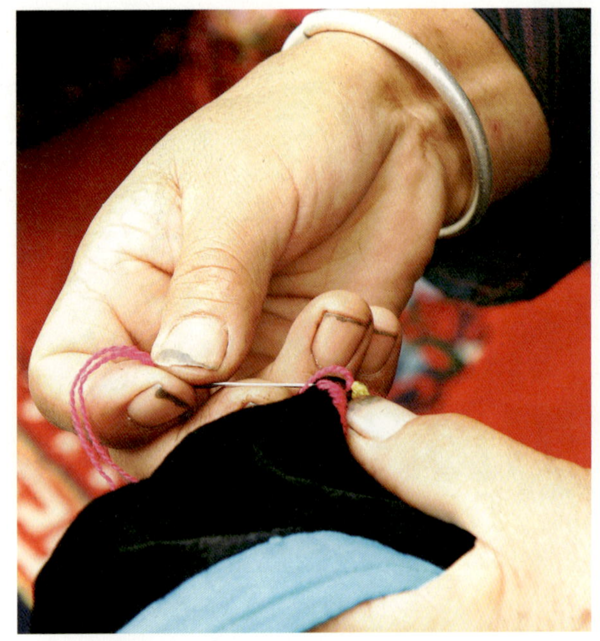

绣头帕

绣花腰带腰坠
（又称“结子”）

绣花（软绣）

绣花（绷架）

绣头帕

刺绣吉祥八宝（黄底）

释迦牟尼盘金绣唐卡（蓝底）

黄财神刺绣唐卡

莲花生大师盘金绣

格萨尔王彩绣

白度母刺绣唐卡

绿度母刺绣唐卡

巨幅堆绣唐卡《释迦牟尼说法》（高21米、宽15米）

千手千眼观世音菩萨巨幅堆绣唐卡（高21米、宽15米）

五部文殊菩萨巨幅堆绣唐卡（高9米、宽7米）

乱针绣《四姑娘山》

乱针绣《松岗藏寨》

乱针绣《转经筒》

乱针绣《藏族小女孩》

刺绣如意对联（左、右）

装饰画绣品系列

羊角花

石榴团花

团花一

团花二

经典家居系列

绣花餐巾、筷套

绣花抱枕

绣花桌旗

绣花床旗

绣花车枕

旅游纪念品系列

特色钱包、卡包、
IPAD电脑包

手工布老虎

特色小香包

挑花布艺包

刺绣皮包

前言

2003年10月17日，联合国教科文组织第32届会议通过了《保护非物质文化遗产公约》，在此“公约”中，对非物质文化遗产作了如下定义：“‘非物质文化遗产’指被各社区群体、有时为个人视为其文化遗产组成部分的各种社会实践、观念表述、表现形式、知识、技能及相关的工具、实物、手工艺品和文化场所。这种非物质文化遗产世代相传，在各个社区和群体适应周围环境以及自然和历史的互动中被不断地再创造，为这些社区和群体提供持续的认同感，从而增强对文化多样性和人类创造力的尊重。”这是人类自身对文化遗产的一个新命题。其实，非物质文化遗产的存在是十分古老的客观事实，它就是人类在创造自己的文明之时，生产与生活的习得和总结，并随着社会的发展，人类的进步而不断传衍，通过特殊的“口传心授”方式，世代相传至今，是无形的、活态的文化遗产。人类在生产与生活中创造非物质文化遗产的同时，也在自觉和不自觉中实施相应的保护措施，其目的就是为了让这种遗产薪火相传。

非物质文化遗产及其保护这个命题的出现，是人类在当代对文化遗产再认识的一大进步和飞跃。

我国是一个多民族的国家，每一个民族都有自己文化的古老生命记忆和活态的文化基因。所以说，我国的非物质文化遗产不仅博大精深，而且异彩纷呈。就传统织绣而言，其悠久的历史和辉煌的成就，堪与陶瓷文化、玉石文化媲美，其多样性的特点尤为突出。在我国众多民族中，许多民族都曾经创造过具有本民族特点的织绣文化。这些织绣文化不仅仅是该民族的优秀传统，而且是中华织绣文化大观园中的奇葩。这些奇葩，在当今非物质文化遗产保护的进程中，有不少被列为国家级非物质文化遗产项目名录，作为重点保护的对象。“藏族编织、挑花刺绣工艺”是经国务院批准的第三批国家级非物质文化遗产项目名录。为了加强对该项目名录的保护，不断推进其健康发展，使其长期“藏在深闺无人识”的状况得到改变，我们编写了这本小册子，主要从其发展历史、基本技艺、传承与发展三个方面进行了一些探索——此文权当作一份“藏族编织、挑花刺绣工艺”的记忆档案。

开展对单个非物质文化遗产项目名录的研究，在十分缺乏资料和信息的情况下，要对该遗产的发展历程、工艺技术、当代保护与发展等方面做出一个较为完整的交代，并非易事。但是我们毕竟鼓起勇气去作了这件事。期望我们的这番努力和尝试，能够为我国少数民族地区的非物质文化遗产及其保护的研究起到添砖加瓦的作用。

目录 CONTENTS

织绣是民间纺织与刺绣工艺技术及其产业的总称

在民俗学中

它被归结到传统民间科学技术范畴

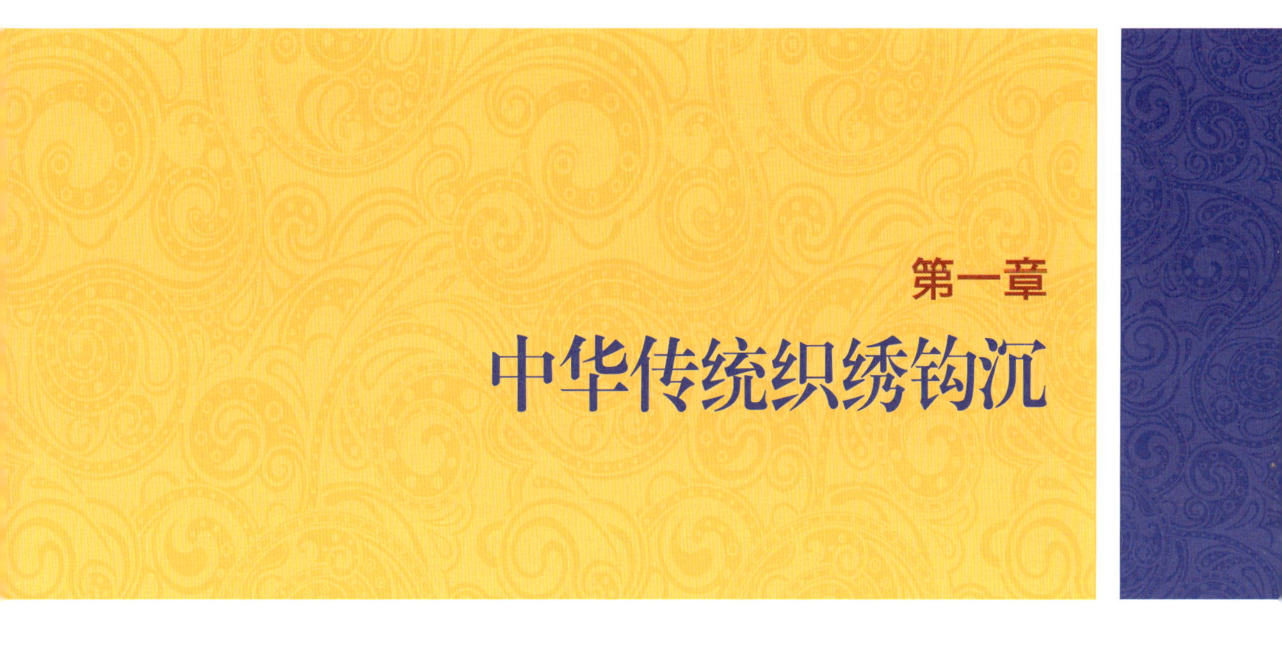

第一章

中华传统织绣钩沉

织绣，“是民间纺织与刺绣工艺技术及其产业的总称”[1]，在民俗学中，它被归结到传统民间技艺范畴，与雕塑、陶瓷、编织、漆器、金属工艺、玩具、人造花、工艺画等同属民间工艺技术门类。由于织绣又有很强的艺术性，是民间艺术和技艺的结合体。所以，它又被纳入到艺术学科的工艺美术类。在已经出版的多部中国工艺美术史的著作中，对于织绣的界定与民俗学的界定是基本一致的，只是在表述上称为“染织工艺”，它涵盖了印染、纺织和刺绣三个方面。染织工艺中的织则专指纺织，并非编织，编织则系另一个单独的亚类，指用竹、草、麦秆、藤、柳、蒲葵、芒基等植物作材料，编织各种生活和生产用品。“编织的历史悠久……从出土文物看，战国的竹器，汉代的彩筐，制作已相当精美。根据唐史记载，当时的草席的产地就已经十分普遍，而闽广一带的藤器，北方沧州的柳箱，蒲州的麦秆扇等，就已是著名的产品”[2]。本文所涉及的“织”，则专指纺织，而编织不在本文的研究范畴之内。

纺织与刺绣在中国工艺美术史上，既有着密不可分的联系，但又因技艺各异，而相对独立。“就纺织工艺来说，有棉、麻、丝、毛等各类织物及其印染产品。以织锦为例，著名的有四川蜀锦、南京云锦、苏州宋锦、漳绒、杭州织锦，少数民族地区的壮锦、瑶锦、苗锦、侗锦等”[3]。刺绣，则是指在织物上穿针引线所构成的多彩而又极富艺术韵味的图案的手工技艺。

在浩瀚的中华工艺美术星河中，织绣与陶瓷、髹漆等成器工艺一样，熠熠闪光，并成为中华乃至世界工艺之翘楚。

---

[1] 钟敬文. 民俗学概论 [M]. 上海：上海文艺出版社，1998. 224.

[2] 田自秉. 中国工艺美术史 [M]. 上海：东方出版中心，1985. 360.

[3] 钟敬文. 民俗学概论 [M]. 上海：上海文艺出版社，1998. 224.

第一节　我国内地传统织绣

一、我国内地传统纺织

我国内地的纺织起源的历史可以追溯到旧石器时代，“利用野生纤维纺线织布，是石器时代我们祖先的一大发明。距今约二至五万年前山顶洞人的遗址中，出土有穿孔的骨针……它虽然显得粗糙，足以说明我国纺织工艺的起源，可以上溯到旧石器时代晚期。另外，还有所谓：‘古人结绳记事’的传说，都可以作为它的旁证。到了新石器时代，在全国所发现上千处的遗址中，都有石纺轮、陶纺轮和骨针。尤其是属于仰韶文化的西安半坡遗址中出土的一件红陶钵，底部印有明显的布纹。河南陕县庙底沟出土的陶瓶耳部也有类似的布纹印在上面……这些实物说明了，我们的祖先在石器时代，不仅能搓麻成线，缝缀皮革，穿连石珠作装饰品，而且能织布作衣，结网捕鱼，以之改善自己的生活了”[1]。从新石器时代至秦汉时期，我国的纺织工艺突飞猛进，先后出现了用葛纤维、苎麻纤维、大麻纤维织成的用品，如葛布、夏布、布衣以及养蚕抽丝织成的丝绸。

（一）葛布

1972年，在江苏吴县草鞋山新石器时代遗址中就曾发现过三块葛布残片，证明内地的先民早在五六千年前就能纺织出可以用作衣料的葛

[1] 龙宗鑫．中国工艺美术简史［M］．陕西：陕西人民美术出版社，1986．22-23.

布。葛最初是一种野生的藤本植物，在长期的生产生活实践中，先民们发现，这种藤本植物的皮经过沸水熬煮，就会变软，并且分离出一缕缕白色的纤维，将这种纤维纺成线，就可以织成布。到了商周时期，葛已经从野生逐渐变成人工种植，使葛布的产量大增，所以周代曾设立过“掌葛”的官吏来专门管理葛的种植和葛布的纺织。直到春秋战国时期，葛布依然是古人最主要的衣着之料。汉代以后至宋元，随着其他植物纤维的出现，渐有被夏布、棉布等取代之势。“明清时代，我国南北方开始大面积种植棉花，葛布衣几乎销声匿迹，仅极少数边远地区及少数民族地区仍有用葛纤维作为纺织原料，制作成的精美工艺品”[1]。

（二）夏布

夏布，是继葛布之后，我国内地历史上出现的第二种纤维纺织物。据浙江钱山漾出土的苎麻布残片证明，早在新石器时代，距今4700多年前，古人就已掌握了最原始的苎麻自然发酵脱胶之法，并纺织出苎麻布。及至商周时期，朝廷在苎麻产地设置专门的管理苎麻纺织的官员，使夏布的产量和质量得到进一步提高。春秋战国以后，用苎麻纺织的“色白如雪”的精美夏布，几可与丝绸媲美，其产量“已和葛织物一样普遍”[2]。秦汉时期，苎麻的人工栽培技术和加工技术都有了很大提高，就脱胶技术而言，已从最初的“沤苎之法”过渡到“鬻之用缉”[3]。隋、唐时期，江南苎麻布急剧增长，有一段时间，全国每年总收入苎麻和大麻布一百多万匹。到了宋代，江南的苎麻布生产不仅数量

---

[1] 上海市纺织科学研究院《纺织史话》编写组. 纺织史话［M］. 上海：上海科技出版社，1978. 11.

[2] 上海市纺织科学研究院《纺织史话》编写组. 纺织史话［M］. 上海：上海科技出版社，1978. 22.

[3] 沤苎之法，即自然发酵脱胶的方法；鬻之用缉，即用石灰或草木灰来煮炼苎麻，使其化学脱胶。

大，而且在花色品种方面也出现了以各地地名命名的特产麻布……南宋以来，棉花逐渐在全国广为种植，棉花的推广使苎麻生产发生了根本变化。苎麻再也不是人们主要的衣着原料，而是专门用来织造盛夏使用的轻薄型织物。清代在广东地区，用苎麻纱和蚕丝交织成的轻薄织物‘柔滑而白’……人称“鱼冻布”。

（三）麻布

在古代，还有一种名叫大麻的草本植物，也被祖先们认识并利用，以其韧皮纤维纺线织布，称为麻布。“早在三四千年以前，我国大麻的种植遍及华北、西北、华东、中南各地。那时，我们的祖先就已经掌握了沤制大麻，剥取纤维的方法”[1]。由于大麻的种植和加工均较之葛简单，产量又高，所以从周朝至春秋战国时期，在人们的衣着原料中，大麻布已逐渐占据了重要地位。同时，为提高麻布的精细程度和扩大其使用范围，采用“升”来衡量麻布的精细程度，从7升直到30升共若干个等级。“7升到9升的粗布是供奴隶和罪犯穿的；10升到14升麻布为一般平民所用；15升以上的叫缌布……专门作奴隶主的服装；30升的缌布最精细……规定只能做天子和贵族的帽子”[2]。“东汉时，大麻的种植地域不断向外扩大，往北向内蒙古一带推广，往南则向两广一带推广”[3]。魏晋以后至元，麻布与葛布、夏布一样，一直是古人重要的衣着原料之一。之后，一方面由于棉花种植的推广和棉布纺织的日盛，另一方面也因大麻自身纤维较短，含木质素较高，

[1] 上海市纺织科学研究院《纺织史话》编写组．纺织史话［M］．上海：上海科技出版社，1978．34.

[2] 上海市纺织科学研究院《纺织史话》编写组．纺织史话［M］．上海：上海科技出版社，1978．34.

[3] 上海市纺织科学研究院《纺织史话》编写组．纺织史话［M］．上海：上海科技出版社，1978．36.

纺纱性能差，布质也硬。所以，麻布用作衣着原料的范围已就逐步缩小，多在边远地区和民族地区被保留下来。但一直以来，用大麻织物作生产生活用品的传统却被保留下来，诸如利用大麻纤维的强力制作绳索、利用其吸湿性强的特点制作麻袋等。

（四）棉布

关于我国内地棉花种植和棉布纺织的相关历史，学者们各有所见，说法不一。据上海市纺织科学研究院编写的《纺织史话》载："三国时期，棉花的种植已遍及珠江、闽江流域。《南州异物志》中就说南方闽广生产的'五色斑布[1]以（似）丝布'……到南宋，云南、广东、广西等地生产的斑布闻名全国……以后，元代著名纺织革新家——黄道婆，从松江来到海南岛，同黎族姐妹建立了深厚感情，学习了当地人民加工棉花和棉纺织技术，并带回老家，为我国中原地区，特别是长江中下游的松江地区，广泛种植和利用棉花，发展纺织技术做出了卓越贡献"。由龙宗鑫编著的《中国工艺美术简史》中说："元代棉花的生产，不仅广东、福建、江苏、浙江、江西、湖南等省极为发达，关中渭河流域各省也在逐渐推广。《元史·世祖本纪》载：'置浙东、江东、江西、湖广木棉提举司，责民发输木棉布十万匹。'元初所编《农商辑要》载官府劝民种植木棉的诏谕中说：'木棉亦西域所产，近岁以来，苧麻艺于河南，木棉种于陕右……'到了成宗时期（1295-1304年）便规定'江南夏秋税以木棉输纳'，由于南北各省已普遍种植棉花，棉织品随之增多，并出现了一些有织染花纹的品种。元代女艺人黄道婆，对我国浙江、江苏棉织品的发展，曾做出过巨大贡献"。由田自秉所著的《中国工艺美术史》则说："唐代的棉织在我国岭南一带有较大发展。

[1] 先将纺好的棉纱染以五色，然后将彩纱织成布，这种有色布就像丝绸一样细洁，故名"五色斑布"。

据《东城老父传》所记，唐玄宗时，长安有专门卖白叠布的商店……白居易在《新制布袋》诗中所咏颂的‘桂布白似雪’正是对这种布的描写。桂布和桂营布就是棉布，因产于岭南桂营地区而得名”。元代王祯对棉布推崇备至，他在其《农书》中说：“比之桑蚕，无采养之劳，有必收之功。捋之枲麻，免渍缉之工，及御寒之益”。所以，棉花种植推广很快，元明以后，我国从南到北都广泛种植，并“纺之为纱，织之为布”。棉纺织业不仅在内地已经普及，而且所纺的棉布的种类也多达十余种，诸如标布（大布）、扣布（小布）、稀布（含东稀、西稀、龙稀等品种）、番布（有赭黄、大红、真紫等色布）、丁娘子布（飞花布）、尤墩布、纳布、云布（又称丝布）、锦布、斜纹布、紫花布等。“清代棉纺织业更加发展，并全属家庭副业或私人手工业作坊经营生产……南京、苏州、镇江、松江、杭州一带，乾隆时期，已出现拥有织机千台，招雇工人数千的资本主经营方式的工场。广东佛山镇有棉纺织工场二千五百余家，华北、西南各省也有不少类似情况。至于散在广大农村及乡镇，作为家庭副业从事生产的更是所在皆有，产品不仅供给国内需要，外商多采购出口”[1]。

（五）丝织

丝织与利用植物纤维纺织葛布、夏布、麻布一样有着悠久的历史。“养蚕缫丝织帛的出现，也远在新石器时代时期。《皇图要览》载有：‘伏羲化蚕，西陵氏始蚕’的事迹。《山海经》一书中有‘欧丝之野，在大踵东，一女子跪据树欧丝。三桑无枝，在欧丝东，其木长有仞，无枝’一说。主要内容是说一女子跪树前，吃桑吐丝。《绎史》卷五《黄帝内传》载：‘黄帝斩蚩尤，蚕神献丝，乃称织维之功’”[2]。

[1] 龙宗鑫. 中国工艺美术简史 [M]. 陕西：陕西人民美术出版社，1985. 295.
[2] 龙宗鑫. 中国工艺美术简史 [M]. 陕西：陕西人民美术出版社，1985. 23.

关于蚕茧实物的考古发现，是1926年在山西省夏县西阴村新石器时代遗址发掘中所发现的“半个蚕茧”。据李济《西阴村史前遗存》记载，“1926年春天的一个傍晚，在山西夏县西阴村的新石器时代遗址发掘中，一个农民从一堆残陶片和泥土里，发现一颗像半个花生壳一样的东西。当他向在场的人报道这一消息时，人们立即围拢来，小心地拭去这东西上面的泥土，仔细一看，都不约而同地惊呼起来：‘蚕茧’！[1]”。1958年，在浙江吴兴钱山漾遗址的考古发掘中，就已发现远在黄帝时代，距今4700年前的丝织品。此外，在江苏吴江梅堰新石器时代遗址出土的黑陶上，就有古人精心描绘的蚕的图形。

四川，古称蜀国，又名“蚕丛古国”，是我国丝绸文化的发祥地之一。“早在新石器时代晚期，古蜀的蜀山氏、蚕丛氏等部落，即以养蚕著称，至轩辕黄帝时代，黄帝元妃——西陵氏嫘祖发明了驯养家蚕和抽丝织绢之术；而有关马头娘的民间传说，为以后巴蜀的养蚕、治丝茧、织绢锦孕育了条件。据《华阳国志·巴志》记载：‘禹会诸侯于会稽，执玉帛者万国，巴蜀往晋’，由此可以推断距今四千多年以前的蜀国已经能生产丝织品‘帛’了，而帛即为最初的锦”[2]。从商代至春秋战国时期，不仅有典籍记载蜀锦，而且还有一些出土文物予以佐证。首先从广汉三星堆出土的商代石器、陶器、青铜器、纺轮的研究表明，当时，蜀地就已经拥有纺制不同规格丝线及织造、刺绣的能力。之后是“1975年7月，成都交通巷出土了四件不同样式的西周铜戈，戈柄两面的正中装饰有蚕形的图案，体现了蜀国社会经济和文化中养蚕业的繁盛。1965年，成都百花潭出土了一件蜀国本土制造的战国铜壶，壶表层刻有欢乐

[1] 上海纺织科学研究院《纺织史话》编写组. 纺织史话［M］. 上海：上海科学技术出版社，1978. 12-13.

[2] 黄修忠. 蜀锦［M］. 江苏：苏州大学出版社，2011. 1.

的栽桑采桑场景，表明在当时栽桑养蚕已是重要的社会生产活动”。[1]在其他地区，也发现有一些出土文物，如在湖南长沙广济桥战国墓中曾出土圆形丝袋，在湖南长沙左家塘楚墓中出土了大量的战国中期的丝织品。“在湖北江陵马山砖厂一号墓出土了大批战国时期的丝织品。这些丝织品有绢、罗、纱、锦以及组、绦等，几乎包括了战国时期所有的丝织品种……它超过了以前多次发现的战国时期的丝织品的品种和数量”[2]。秦汉时期，齐鲁（山东）和蜀（四川）分别是我国丝绸业的两大基地。“东汉时，蜀锦以其特有的地方风格而闻名，其中以成都地区的蜀锦为最佳，成都又是蜀锦的主要集散地，因此有锦城的美誉”[3]。三国两晋南北朝时期，在织染工艺中，丝织处于领先地位，而在丝织品中，则以蜀锦领先。“隋代的丝织生产，北方以河北定州为中心。相州的绫文细布也是有名的。南方具有悠久历史的蜀锦，生产仍很发达。《隋书·地理志》记载，蜀锦是‘人多工巧、绫锦雕镂之妙，殆侔于上国’。江西的豫章郡（今南昌）染织也很发达，所谓‘一年蚕四五熟，勤于纺绩，亦有夜浣沙而旦成布者，俗呼为鸡鸣布’……唐代的丝织生产，分布在河南道、山南道、河北道、右东道、淮南道、江南道、剑南道等地区。其中如剑南、河北的绫罗，江南的纱，彭、越二州的缎，宋、亳二州的绢，常州的绸，润州的绫，益州的锦，都是全国闻名的。这时期丝织的生产中心，在中唐以后已经由北方的定州开始向江南转移”[4]。宋代，丝织业的管理均由锦院来管理，如在汴梁置绫锦院，在四川建立锦院，在江南一带，分别设有江宁府织罗务、润州织罗务、常州职罗务、湖州织绫务、杭州织务等机构。由于宋代绘画的发展，画

[1] 黄修忠. 蜀锦［M］. 江苏：苏州大学出版社，2011. 2.
[2] 田自秉. 中国工艺美术史［M］. 上海：东方出版中心，1985. 104.
[3] 卞宗舜、周旭、史玉琢. 中国工艺美术史［M］. 北京：中国轻工业出版社，1993. 150.
[4] 田自秉. 中国工艺美术史［M］. 上海：东方出版中心，1985. 198-199.

绢丝织产品也兴盛起来，如院绢、独梭绢等，均为画家们所喜爱。在宋代，还有一种名叫“缂丝”的丝织品，其织造技艺十分特殊，价格昂贵。宣和年间是缂丝制作的极盛时期，其佳品多产自河北定州，及至南宋时期，工艺更臻完美，其制作中心当以南方云间（今松江）为中心。元代，出现了一种名叫“金锦”的织品，是一种加金的丝织品。“这种丝织的加金工艺在元代时非常盛行。织金锦原称为‘纳什什’，元代改译为‘畏兀兀’。擅长这种工艺的多是回鹘族人。这种生产织锦的机构几乎遍及全国，即使在遥远的新疆地区也有设立”[1]。明代，我国丝织业的四大产区（或称四大中心）大体底定，一是江浙产区，二是四川产区，三是山西产区，四是闽广产区。江浙产区已成为全国丝织生产的中心，不仅产量大，而且产品质地也精美。四川产区，蜀锦的历史不仅悠久，而且“工甲天下”。山西产区盛产“潞绸”，据清代《潞安府志》所记：“明季长治、高平、潞卫三府共有织机一万三千余张”。闽广产区，泛指福建、广东等地，其中福建“改机”织出的双面花纹的丝绸，颇具特色，类似南京的库锦。此外还有漳州的天鹅绒和广东的“纱”，都是当时名噪一时的丝织品。“清代丝织在中期以前，得到较大的发展。康熙、雍正、乾隆三个时期，各有其艺术特点。康熙时期，丝织工艺大体承继明代的艺术风格，而以八达晕一类图案组织最有特色。雍正时期，由于改进了织机，采用了多层经纬织法，所以纹样较为丰富，色彩更加华丽……乾隆时期的丝织，则又以吸收外来图案风格为其特点。在装饰中采用了一些法国巴洛克和罗可可艺术式样”[2]。在清代，一个以地名而名的“苏州织造”和以纹样命名的“云锦”，是这个时代最具代表性的丝织品。所谓“苏州织造”，系指苏州地区为宫廷服用赏赐所制造的各种丝织用品，无论从品种的类别、式样、等级，在当时均是

[1] 田自秉. 中国工艺美术史［M］. 上海：东方出版中心，1985. 267.
[2] 田自秉. 中国工艺美术史［M］. 上海：东方出版中心，1985. 314.

全国一流的。云锦产于南京，一般认为云锦是在宋锦的基础上发展而来的，由于其装饰纹样多采用云纹，故取名云锦。云锦的品种有三种，一是妆花，二是库锦，三是库缎。其中妆花是云锦中的佼佼者，其基本特点一是色彩丰富，一般为6～9色，最多可达18色。二是在织造时采用了特殊的名叫“过营”的方法，所以能够使同一排的若干花朵上，呈现出各自不同的色彩，这是任何通梭织花所无法比拟的。妆花云锦中的“彻幅”和“金宝地”都是难得的珍品。库锦又称库金，全用金线或银线织出，彩花库锦和二色金库锦是库锦中颇具代表性的品种。库缎，系指在缎地上起本色花，由于在织造时经线的不同交织，可以使花纹图形产生出明花和暗花等多种艺术效果。

二、我国内地传统刺绣

“刺绣，总五色而极思，借罗纨而发想，具万物之有状，尽众化之为形……广而言之，看似平凡的刺绣，关系到民俗民风，手工技艺和历代的衣冠制度，涉及的面较广”[1]。我国刺绣，历史积淀深厚、文化内涵丰富。丝绸因刺绣而更显华彩，服饰因刺绣而锦上添花。

（一）我国内地传统刺绣的发展历程

关于刺绣起源的历史，学术界普遍的看法是，刺绣是一项工艺技术，它必须是在与其相关的物质条件（即针、线、织物）具备的情况下才能产生。据有关考古资料和文献记载，距今18000年前，北京周口店的山顶洞人就已用骨针引线，缝制兽皮衣服。大约7000年前，长江下游地区的先民已使用踞织机织布，纺线则使用纺锤，纺织原料多为野生

[1] 林锡旦. 中国传统刺绣[M]. 北京：人民美术出版社，2005. 3-4.

麻、葛类植物纤维。6000多年前，黄帝元妃嫘祖始教民育蚕治丝茧，后世祀为“先蚕”。也就是说，新石器时代我国的刺绣工艺已开始发端。根据《古今事物考》《尚书》《史记》《后汉书》等古籍记载，我国刺绣形成的确切时期为舜帝时期（即大约为公元前22世纪，距今约4300多年）。其时舜帝创制了画绣共十二章服饰，该服饰有六章为绘画图案，有六章为刺绣图案，十二章，即指十二种图案。绘制的图案为日、月、星辰、山、龙、华虫，刺绣的图案为宗彝、藻、火、粉米、黼、黻。“这十二章的刺绣纹样，各有含义，从原始的取义到后世的解释，虽略有不同，但总的象征意义是相似的。日为圆形，月为弦月，汉以后日、月都取圆形，而在圆中加饰鸟形为日，加饰蟾蜍或玉兔为月。星辰以北斗星表示，以线相连，日、月、星辰代表光辉、明光照下土，在衣的肩上有‘天子肩挑日月’之称。山作山形，取其镇，取其人所仰、威镇四海，也有布散云雨、圣王泽沾下人之意。龙为五爪龙一对，身被鳞甲，变化无方，象征圣王应机布散。华虫，彩羽野雉，身被五彩，取其华丽的纹样，象征圣王体兼文明。宗彝，宗庙祭器为虎尊，昂鼻歧尾，以刚猛制物，象征圣王神武定乱。藻，即从生水草，逐水上下，象征圣王随代而应。火，为火焰辉发之状，取其明，象征圣王至德日新。粉米，粉若粟冰，米若聚米，人恃粉米以生，代表养育，象征圣王物之所赖。黼，如斧形，刃白身黑，取其断，代表神圣果断，象征圣王临事能决。黻，为相背两弓字形，颜色为半青半黑，代表洁净，有背恶向善之意，也象征君臣可以相济”[1]。在舜帝时，画绣共工十二章服是帝王服饰，不仅体现出至高无上的王权，同时也显现出当时刺绣形成初期就已经具备的高超水平。迄今为止，我国考古发掘发现最早的刺绣实物，当为商代妇好墓出土的绣迹，据《中国工艺美术大辞典》“妇好墓出土

[1] 林锡旦．苏州刺绣［M］．江苏：苏州大学出版社，2004．18-19.

绣迹条”载：“商代刺绣印迹。在河南安阳殷墟妇好墓出土的铜觯上，粘附有菱形绣的残迹，其绣纹组织结构，为锁绣针法”。“1975年，在陕西宝鸡发掘的两座西周前期奴隶殉葬出土之物中，发现附于倪室泥土上丝织物的刺绣印痕，可以观察到采用的是辫子股绣（与锁绣同）的针法”[1]。刺绣的基本针法最初是受缝纫针法的启示而衍化来的，河南安阳和陕西宝鸡的两处考古，不约而同地告诉人们，中国刺绣针法中，锁绣是最古老的刺绣针法。

从春秋战国到秦汉时期，刺绣工艺已发展得十分成熟，湖北江陵马山砖厂一号战国楚墓出土的刺绣纹样有花冠凤纹、鹤鹿花草纹、雁衔花草纹、龙凤虎纹、蟠龙飞凤纹、变体凤纹等。湖南长沙马王堆汉墓出土的丝织绣品种有信期绣、乘云绣、茱纹绣、方棋纹绣、绣地树纹铺绒绣、长寿绣等，均为最好的佐证。在汉代，刺绣还广泛应用于车驾的“卤簿”。

三国时期，东吴孙权因军事目的，需要一幅山川地势图，赵夫人自荐用针线绣制该图，得到孙权的应允，经赵夫人精心构思、绣刺，一幅“虽棘刺沐猴云梯飞鸢无此丽也”的刺绣山川地势图得已问世，该图由于绣技高超，当时被称之为“针绝”。

南北朝时期，佛教开始在中国盛行，佛像、经袱、幡帐等有关佛事绣品相继出现。现藏于敦煌文物研究所的北魏广阳王元嘉献于太和十一年（公元487年）的“一佛二弟子说法”刺绣残片（发现于敦煌莫高窟125−126窟前崖壁裂缝）是我国现存最早的一件装饰绘画性的满地绣。及至盛唐，绣工得到了快速发展，官方设立了专门机构来管理和组织刺绣相关事务，并在内职官中设立了“绣帅”一职来掌管宫内刺绣。宫廷刺绣得到勃兴，同时刺绣的针法和技法逐渐发展和创新。“唐以前的主要

[1] 林锡旦．苏州刺绣［M］．江苏：苏州大学出版社，2004．2．

针法为辫绣，至此平针绣逐渐发展，针法有直钱、缠针、齐针、套针、平金、盘金等，撮金线、金片的技术使佛经佛像的刺绣品更显得辉煌，而绣法中的帖绢、堆菱和缀珠等技术更使佛像具有了浮雕般的立体效果……随着刺绣工艺的成熟，以及对佛像等绘画性刺绣作品需求的激增，促使刺绣分别朝着生产性画绣与日用性两个方向发展。前一类促使刺绣技艺精益求精，匠人水平不断提高；第二类则加快了刺绣在民间的普及程度，为人们的生活增色添彩"[1]。

宋代，宋袭唐制，朝廷在都城汴京（开封）设立"文绣院"，专门负责皇家服饰和装饰绣品的制作。汴绣就是这个时候产生的。《瑶台跨鹤图》是宋代刺绣的代表作，该作品现仍保存在辽宁省博物馆。其绣品集擞和针、齐针、缠针、盘金、钉针、套针、借色绣等针法和绣法为一体，使整幅画绣作品精美绝伦。"在苏州瑞光塔第三层塔心窨穴出土一块北宋罗地花草纹刺绣经袱，正反两面均无线头结，花纹一致，但在两叶交头处有跳针，可谓双面绣的前身，或称为双面针绣。由此可见，北宋前期我国已出现了双面绣"[2]。

元代刺绣，凸显出两大特点，其一是除了在织物中用金针，在刺绣中也大量用金。"当时有锁金、镂金、间金、钱金、圈金、解金、别金、捻金、陷金、明金、泥金、榜金、背金、彩金、阑金、盘金、织金、金线等18种。刺绣中加以金彩，使绣品益见富丽"[3]。故宫博物院收藏的元至正二十六年（1366年）绣制的《妙法莲华经》，就是一个典型的例证。该绣品绣有经文10752个字，经的首尾还绣有佛头和护法神，不仅使用针法颇多，而且大量运用盘金、泥金、钉金箔等，用色达14种之多。其二是体现出了南北交融和互补的格局，一方面，由于受北方女

[1] 林锡旦. 苏州刺绣［M］. 江苏：苏州大学出版社，2004. 26.

[2] 林锡旦. 中国传统刺绣［M］. 北京：人民美术出版社，2005. 31.

[3] 林锡旦. 中国传统刺绣［M］. 北京：人民美术出版社，2005. 35.

真、蒙古族的影响，出现了在服饰刺绣上用金成为一时的风尚和用绒粗肥的状况。元时，北方流行“洒绒绣”，以方目纱或直径纱作为绣地，用彩色丝线双股合粘而成，数计孔目，按孔目穿绣小几何花纹为地和较大的主花，不露一点底子，或在打好几何地的料上再绣铺绒主花，所以又称“穿纱”“满地绣”。另一方面，以苏绣为代表的南方刺绣对北方刺绣产生了重大影响。“1964年，在苏城南郊发现的哄传一时的‘娘娘墓’就是吴王张士诚的母亲曹氏墓 。其中出土‘残刺绣品4件，金线绣梅花百吉花鞋1双’。这残绣4件，系明显的罗地衣裙的残边，上面各绣四龙，相向而行，龙之间有云纹，整个构图均衡，形象生动。使用的针法已有接针、绕针、施毛鳞针、辅针、扎针、正戗、反戗、平套、打籽等9种。从这些针法的物色看，这绣裙是苏州的产物”[1]。

自明代至清的数百年间，是我国刺绣工艺极为盛行的时期。朝廷的宫货绣，富庶人家的闺阁绣，民间百姓的日用绣，在市场上广泛流通的商品绣，各竞其美，相得益彰。以宫货绣中各级官员的补服为例：“明洪武年间曾制定：帝王贵胄，服龙凤绕身；公侯附马伯，服绣麒麟、白泽；文官一品仙鹤，二品锦鸡，三品孔雀，四品云雁，五品白鹇，六品鹭鸶，七品鸿鶒，八品黄鹂，九品鹌鹑，杂职练雀；武官一品、二品狮子，三品、四品虎豹，五品熊罴，六品、七品彪，八品犀牛，九品海马……清代也基本沿用这类刺绣官服补子”[2]。在富庶人家的闺阁绣和民间百姓的日用绣中，除大宗的自用刺绣服饰外，烟袋、香包、枕套、台布、帐帘、靠垫、鞋帽、被面、手帕、绣巾、肚兜以及屏风、壁挂等，各种刺绣品不胜枚举。明清时期的绣坊（又称绣庄），成为市场流通的商品绣的主要生产基地，商品绣的覆盖面十分宽泛，既生产宫货，又有百姓家用绣品，作为宗教用的绣幡、绣佛像、绣经文、绣经袱和各

[1] 林锡旦. 苏州刺绣［M］. 江苏：苏州大学出版社，2004. 48.
[2] 林锡旦. 中国传统刺绣［M］. 北京：人民美术出版社，2005. 37.

地戏剧流派的戏服大都出自绣坊，是商品绣的大宗。

明清时期的绣坊，是推动我国刺绣发展的一大动力，一方面它推动了我国刺绣市场的发育和刺绣商品的流通，另一方面极大地促进了刺绣技艺的广泛交流，从而使我国的刺绣流派更臻成熟，同时也出现了许多新的刺绣技法。“清代，苏州绣庄遍布，有150家之多，被称为‘绣市’，成为著名的刺绣生产基地和销售市场，还分别设立锦文公所、霓裳分所、云华绣业公所，一业有三个行业公所，在全国刺绣同行中是绝无仅有的”[1]。林锡旦在《苏州刺绣》一书中也提到：“由于苏州是刺绣的传统产地，有了绣庄后，各地来苏采购绣货的络绎不绝，更刺激了苏绣的生产。苏绣与顾绣在市场竞争中消长，入清以来，顾氏家族绣渐渐消亡，而苏州的绣庄却日益发展，并形成了三个主要类型。绣庄业、戏衣行头业、零剪顾绣业”。在四川，“清中叶以后，专业生产蜀绣的绣行产生，清政府在郫邑（郫县）设了劝工局，特设刺绣料，专事生产官服和上层人士的衣饰……明末清初，特别是清康熙至光绪末年，是郫县刺绣挑花发展兴旺的时期，郫县一地以刺绣为副业的有万人以上，三皇会‘穿货’的，到郫县将日常穿用的衣裙、鞋帽、被面等绣片、鞋帮子等由家家户户收集起来，‘铲’到成都的绣铺销售”[2]。

明清时期，刺绣针法的技法也有了长足的发展，总体而言，“其针法由过去的稀针、手针、侧针、拉绣等，发展创造出滚针、游针、扇形针到网绣、锁丝、刮绒、戳纱、纳锦、铺绒等新针法”[3]。就具体而言，各刺绣流派的创新争奇斗艳，例如：粤绣的加衬浮垫的钉金绣、加衬高浮垫的金绒绣；明代嘉靖年间顾氏家族独创的半绘半绣的刺绣技法和风格，成为苏绣中的典型代表，并以‘顾绣’为名；明代中叶，在四

[1] 林锡旦. 中国传统刺绣 [M]. 北京：人民美术出版社，2005. 45.

[2] 赵敏主编. 中国蜀绣 [M]. 四川：四川科技出版社，2011. 25.

[3] 孙建君. 中国民间美术教程 [M]. 天津：天津人民出版社，2005. 211.

川蜀绣中，郫县的挑花绣一枝独秀；湘绣中著名的“鬅毛”针法，所绣狮、虎等动物，别具神采……

（二）我国内地历史上的四大名绣

在我国刺绣发展的历史进程中，由于各地的自然生态环境、人文背景等差异，刺绣像绘画、书法、以及瓷器、织锦等工艺一样，出现过许多流派，诸如北京的京绣、山东的鲁绣、浙江的瓯绣、河南的汴绣、陕西的秦绣、江苏的苏绣、广东的粤绣、湖南的湘绣和四川的蜀绣等，其中京绣、鲁绣、瓯绣、汴绣合称四小名绣，苏绣、粤绣、湘绣和蜀绣被称之为四大名绣。

1. 苏绣

苏绣有着悠久的历史，许多古籍中在追溯苏绣的历史时，都上溯到尧、舜、禹帝时期的“断发文身”的传说。“而真正意义上的刺绣，史书上记载的是三国时期。唐代以后，苏州日益繁华，刺绣业更加兴旺，针法技艺也随之大大提高，宋朝时，朝廷在苏州设立了织造衙门，城内出现了若干条专营刺绣业的街巷，绣衣坊、绣花店一家挨着一家，绣工云集，高手不断涌现，刺绣工艺达到了空前精美的程度……明代的苏绣又增添了一大类别，那就是刺绣的戏衣剧装。清代是苏绣发展的鼎盛时期，销售刺绣品的绣庄最多时竟达一百五十多家，家家养蚕，户户刺绣，民间热衷，刺绣工艺极盛一时，当时苏州就有‘绣市’之别称”[1]。“苏绣的艺术特点，具有图案秀丽、色彩淡雅、线条明快、针法活泼、绣工精细的风格……近代以来，苏绣的技艺得到进一步的发展，可用‘平、光、齐、匀、和、顺、细、密’这八个字来概括”[2]。

---

［1］董季群主编. 中国传统民间工艺［M］. 天津：天津古籍出版社，2004. 259-260.
［2］林锡旦. 中国传统刺绣［M］. 北京：人民美术出版社，2005. 49.

2. 湘绣

“湘绣的历史也十分悠久，据考古发现，春秋时期长沙就有了针法细密、图案繁复的丝绢刺绣品。宋代乃至明代，湘绣在民间得以普遍发展，在很大程度上与现代湘绣风格几无差异。清代，湘绣工艺遍及城乡，专营绣品的商号也有数十家之多，并在京、津、沪、沈阳、武当等地开办了诸多分号”[1]。湖南湘绣的特点是：线条准确、美观，色彩鲜明、清晰。山水、花鸟、动物刺绣作品是湘绣的特色绣品，其画幅的补画绣特点显著，加之绣品画面有题诗，使诗情画意相映衬，充分表现出中国国画的韵味。湘绣中的“鬅毛”针法别具一格。

3. 粤绣

粤绣，又称广绣，主要集中在广州、潮州、顺德、南海及番禺一带。唐代的典籍中就有关于南海女红卢眉娘的刺绣作品《法华经》七卷的记载，明代粤绣中的孔雀毛编成的绒缕刺绣名噪天下。清中期以来，粤绣中的绒绣、线绣、钉金绣和金绒绣四大类型并驾齐驱。其特点是“花纹繁缛，花稿多用剪纸为样，自然工整、构图饱满、装饰性强、色彩浓艳、对比强烈，洋溢着南国热烈明快气氛。针步均匀，手感平滑，善留水路”[2]。

4. 蜀绣

蜀绣又名川绣，其发祥地在郫县，郫县历来有“蜀绣之乡”的美誉。“其悠久的刺绣历史有郫县城外古柏森森的望丛古祠为证。望丛祠所祭奠的古蜀先祖‘蚕丛’是传说中古蜀国的开国君主，是野蚕的化身，‘蚕丛氏，初为蜀侯，后称蜀王，教民蚕桑’。郫邑家家养蚕，户户抽丝织绣，自古蜀即一脉传承。西汉时郫县出生的著名文学家扬雄在其《蜀都赋》中用‘挥锦布绣’来描绘芳华辉映，光彩流布

[1] 董季群主编. 中国传统民间工艺［M］. 天津：天津古籍出版社，2005. 260.

[2] 林锡旦. 中国传统刺绣［M］. 北京：人民美术出版社，2005. 54.

的蜀国景象，后又作了《绣补》吟唱蜀绣艺术……可见郫县的织绣技艺在汉代已誉满中华。据《元和君县志》记载，在唐代，郫县的酒和绣品就是进贡宫廷的贡品”[1]。另一种关于蜀绣起源的历史的认识是根据广汉三星堆考古发掘的青铜立人像上的衣纹研究而做出的推断——蜀绣的历史与距今4800年前的中原夏朝文明同时代。1986年，在四川成都平原广汉三星堆遗址出土了青铜头像、青铜器、玉器、金器、象牙制品等文物1300余件，其中有一件高2.6米，重约180千克的青铜立人铜像，距今约4800年的历史。该铜像细腰修身，头带王冠，身穿4件套组成的龙纹礼衣，服装的整体配套和纹饰及裁制结构都雕塑得清清楚楚。最外面的一件前后襟左侧各饰两条龙纹，分上下两列规整排列、前后襟龙尾相对。龙头朝右，龙头右面有一条直纹分隔，直条纹的内饰有变体云雷纹，直条纹的右面饰有变体鸟纹组成的直条纹。由外向里第二件为短背心，其右肩后背部位绣有一条螭龙纹，第三件为不饰花的右衽上衣，第四件是穿在最里面的贴身长衣，这件长衣两袖的前背至袖口部位饰有变体云纹，花纹下凹，长衣前后襟下部均在膝下饰一条兽面纹横澜，横澜下面的垂直分格变体鸟纹至下摆边缘。“从工艺美术和纺织技术发展的历史来分析推断：以当时的纺织技术水平，青铜立人所穿衣服上那些线条构成的装饰花纹，不可能是用织机织出来的，由于其纹样的表现手法和1974年在陕西宝鸡茹家庄出土的西周初鱼伯爱妾儿氏殉葬墓室中的刺绣残痕相一致，所以最有可能是用锁绣法绣制的”[2]。大唐盛世，织锦和刺绣在整个川西平原地区得到空前发展。“由于蜀中织绣业的高度发达，织绣花纹图案也得到长足的进步，唐初朝廷派往益州（成都）主管皇室织物的官员‘检校修造’的窦师纶为蜀地的织锦刺绣专门设计了以鸳鸯、凤、孔

[1] 赵敏主编．中国蜀绣［M］．四川：四川科技出版社，2011．25.
[2] 赵敏主编．中国蜀绣［M］．四川：四川科技出版社，2011．11.

雀、鸡、鸭、羊、鹿、狮、天马、骆驼等为主体，适合织锦织造的两方连续和四方连续纹样……这种新颖的织物纹样也不免被刺绣采用，在蜀绣的锦纹针和川西挑花纹样以及周边少数民族的刺绣纹样中还能看到‘陵阳公样’的痕迹”[1]。及至宋代，蜀绣逐渐受到中原绣派的影响，绣品开始由实用性向艺术性和装饰性方面发展。明洪武年间，四川设立了染织局，统管织、绣等业。这一时期，由于棉织物的大量使用，从而催生了四川挑花、抽纱技法。清中叶，民间行会在四川形成。“道光十年（1830年），民间组织的三皇神会成立，这是一个由铺（店主）、料（领工）、师（工人）组成的刺绣业的专门行会。这种正式垂版立行，建立行规，确定专业分工，维持行业内部各方（如生产、销售等）利益的组织形式的建立，表明蜀绣已从家庭手工制作逐渐向市场化经营发展”[2]。清光绪二十九年（1903年），在四川成都设立的劝工总局中，亦内设有刺绣科，专门负责刺绣业的管理以及绣稿的设计、技法的研究等。

数千年的蜀绣工艺，历经无数代传人的不断探索和发展，研究创造出许多新针法，总结出不少艺诀，“如在原有的牵、嵌、串、爬、切、添、打子、平金、旋等针法的基础上创造了晕针、车拧针等具有蜀绣特色的针法”[3]。蜀绣以“色彩鲜艳、形象生动富有立体感”的图案，“红花绿叶子，镶色配杆子”的浓艳色彩，“针脚平齐、片线光亮，掺色柔和、车拧到家”的细腻针法等特征而名扬四方。

---

［1］赵敏主编. 中国蜀绣［M］. 四川：四川科技出版社，2011. 13–14.
［2］赵敏主编. 中国蜀绣［M］. 四川：四川科技出版社，2011. 17.
［3］赵敏主编. 中国蜀绣［M］. 四川：四川科技出版社，2011. 18.

第二节　我国少数民族传统织绣

我国是一个由五十六个民族组成的大家庭，无论是北方的还是南方的，无论是西北的还是西南的，许多少数民族都有纺织和刺绣，以及染色的传统。各少数民族的织绣与内地汉族地区的织绣交相辉映，共同书写了中华民族织绣的灿烂历史，同时也充分体现出我国织绣“各美其美，美美与共”的多样性特点。

一、少数民族传统纺织

我国少数民族对我国纺织的贡献十分突出，而且历史也很悠久。比较而言，主要凸显在毛纺织和棉纺织两个方面。

（一）毛纺织

在我国北方、西北和西南地区，早在新石器时代，居住在上述地区各兄弟民族的祖先，已经开始利用纺轮及纺缚加工牛、羊、驼等驯养牲畜的毛和其他兽毛，进行纺织，其织物或作衣被，或为掩体。“1960年，在青海省都兰县一个相当于新石器时代的遗址中，就出土了几块最古老的毛织物。《禹贡》也记载了传说的夏禹时代，地处西北和北方的兄弟民族用加工过的皮毛、毛纺织品与中原地区进行物资交换……到了汉代，居住在西南一带的兄弟民族，也开始用各种颜色的毛纱织制成斑斓多彩的毛织品——斑罽……公元前52年，处在我国北方的匈奴民族在首领呼韩邪单于的统治下，开始与中原汉族和好，在相互赠送的礼物中就有大量的丝织品和毛织品。据《汉书》记载，当时从匈奴送入内地的毛织品堆积得像山一样……1959年，在新疆民丰县，发现两块东汉毛织物，其中一块织有成串的葡萄和人面兽身的怪物，片片绿叶点缀其间，完全是新疆风格。另一块是用纬起花法织制成龟甲状的图案，中间嵌着红色的四个朵瓣的小花，是内地汉族人民所喜爱的图案花纹，可能是西北兄弟民族专门为中原生产的毛纺织品”[1]。据卞宗舜等著的《中国工艺美术史》载：“毛织品在汉代以前主要在北方少数民族地区发展，西汉时，中原地区和西南少数民族地区也发展了毛织品生产。汉代毛织品的品料已很多，《后汉书·南蛮西南夷列传》载：‘其人能作旄毡、斑罽、青顿、纰毲、羊羧之属’”。魏晋南北朝时期，是我国各民族大融合大交流时期，“当时西北兄弟民族已开始生产蜡防染印花毛织物。在新疆和田出土的一块防染印花技术精湛的蓝印花斜褐，表明用毛纱织制斜纹织物的水平及其印染水平并不亚于中原地区。当时西北地区毛织物生产量相当可观，晋怀帝永嘉四年（公元310年），京师洛阳地区严重‘饥匮’，凉州（今甘肃一带）刺史张轨曾捐送毛织物三万匹和马五百匹”[2]。及至唐代，“毛织产地主要在北方及西北一带，其中著名的有陇西道的西川毡，关内道京兆府的靴毡，原州、会州的覆鞍毡，宁州的五色覆鞍毡，汾州的鞍面毡，丰州的驼毛褐毡”[3]。另据《纺织史话》载：“唐代，西北兄弟民族精心培育了一种‘螽艻羊’。这种羊的‘外毛’虽然不长，但内毛却细而柔软，用内毛织出来的绒褐

---

［1］上海市纺织科学研究院《纺织史话》编写组．纺织史话［M］．上海：上海科学技术出版社，1978．27–28．

［2］上海市纺织科学研究院《纺织史话》编写组．纺织史话［M］．上海：上海科学技术出版社，1978．28．

［3］田自秉．中国工艺美术史［M］．上海：东方出版中心，1985．203–204．

（毛绒布）既轻又软，深受人们喜爱。这种毛绒布手感‘如丝帛滑腻’，是我国兄弟民族独创的具有代表性的毛纺织品”。元代的毛织极为发达，“毛织品的名目不下六七十种。从制作及用途分，可以分为毡和罽两类。毡是蹂毛而成，厚五、六分，多无花纹，有白、黑、青蓝、粉青、明绿、柳黄、柿黄、赤黄、肉红、深红、银褐等色，常作帽、案席、褥等材料。罽是用羊毛、野蚕丝等织成，毛软厚，进行剪绒，即今日的地毯……元代毛织以上都、和林及宁夏为主要产地”[1]。

（二）棉纺织

棉纺织和毛纺织一样，最初也起源于我国少数民族地区，后来传播到我国内地。棉纺织的最初起源地，主要在我国海南、新疆和云南少数民族地区。

由卞宗舜等编著的《中国工艺美术史》载：“棉花原不产于我国，西汉时由中亚传入我国新疆。在新疆的楼兰和罗布淖尔发现西汉晚期的棉织物残片。在民丰发现东汉的棉织物。我国海南岛生长一种灌木型棉花，俗称木棉，并在汉代生产出著名的‘广幅布’，这证明海南岛的棉织生产有着悠久历史。另据《后汉书·南蛮西南夷列传》记载，我国云南少数民族地区也很早开始自己的棉织生产。古代云南称棉花为‘白叠’，织成布后，还能自行用天然矿物和植物染料，印染成色彩丰富的白叠花布”。《纺织史话》中认为：“据古书记载，当中原地区还处在传说中的夏禹时代，西南边疆和海南岛的兄弟民族，曾将棉布作为礼品，赠给当时的汉族头领。《尚书·禹贡》中所书的‘岛夷卉服，厥篚织贝’中的卉服，就是指海南岛棉布

[1] 田自秉. 中国工艺美术史［M］. 上海：东方出版中心，1985. 268-269.

作的衣服……世世代代居住在我国云南的哀牢山区和澜沧江流域的兄弟民族，和海南岛的兄弟民族一样，很早就开始了棉纺织技术的应用。并且能用天然矿、植物染料，印染出'斑斓多彩'的白叠花布。白叠是古代云南一带对棉花的称呼。现今佤族还称棉花为'戴'，白布为'白戴'。《蜀都赋》'布有橦华（花）'，李善引张辑曰：'其花柔毳，可织布，出永昌。古代永昌郡的濮族的一支擅长于植棉和纺织，叫'木棉濮'。《史记》中还有'榻布皮革千石'的记载，可见，当时云南永昌地区的棉纺织是相当发达的"。关于西北地区棉织的历史，《纺织史话》中是这样表述的："与海南岛和云南的兄弟民族一样，高昌的人民把棉纤维用作为纺织原料"。魏文帝（公元220～226年）的诏书，就曾提及'西域'所产的'白緤（叠）布'。说明当时随着'丝绸之路'的畅通，棉布已逐渐从西北地区传到中原……我国西北出土了不少棉布实物，如新疆民丰发掘的东汉墓中，有大批织物，其中棉织物有蓝白印花食单（即桌布）、布裤和手帕等，有一块蜡染蓝白花布是平纹组织，经纬密度18×13根/厘米，比目前的市布稍粗厚些。在于田、阿基塔那等地的晋墓、隋墓、唐墓中出土的棉布实物就更多了，在新疆巴楚脱库孜沙来的唐墓中还出土了蓝白两色提花织物。显然，这些地方的纺织技术在当时是比较先进的"。

（三）其他纺织

1. 麻纺织

在我国西南气候相对温和、海拔相对较低的少数民族地区，自秦汉以来就有种麻、织麻的历史。而且其历史延续性很长，直到20世纪50～60年代，以麻布做衣的现象在四川羌族地区以及邻近的嘉绒藏族地区，乃至彝族地区仍然存在。

2. 织锦

三国时期，蜀相诸葛亮南征时，把蜀锦织造技艺传给了西南各地，致使西南少数民族的织锦技术有了很大发展。据《黎平府志》载，古州（今贵州溶江县西）的苗族先民，吸收了蜀锦的特点，织成五彩绒锦，为纪念诸葛亮的功绩，称之为“武侯锦”。在今贵州锦屏苗族侗族自治州的侗族先民也接受了蜀锦的织造技法，生产“诸葛锦”。之后逐渐发展，逐渐生产出了鱼鳞纹侬锦、鸭头翠侬锦、茵郎锦等名贵品种。广西宾阳县出产的壮锦，织出来的花鸟纹栩栩如生，是壮族的传统艺术品。除苗锦、侗锦、壮锦外，还有黎锦、傣锦、景颇锦、布依锦、土家锦等少数民族织锦，少数民族织锦的出现和发展，极大地丰富和发展了我国丝织业。

二、少数民族传统刺绣

我国绝大多数少数民族都有自己的刺绣历史。“青海土族的刺绣色彩鲜艳、浓重，采用传统的辫子股绣为其工艺特征；藏族刺绣的纹样多为佛像与佛教的吉祥符号，绣品上往往缝缀各种宝石、贝壳；维吾尔族刺绣的花帽最为精彩，既有实用性又是精美的艺术品；蒙古族的绣品常用黑色为底布，纹样色彩鲜艳，充分体现出草原民族的豪爽与奔放；满族受汉族文化的影响很深，女子善绣，绣品有汉满文化相融的特色；苗族历史悠久，支系庞大，每一支系都有自己的历史文脉，其绣品因地而异，各具特色，刺绣工艺手法也多种多样”[1]。苗族在我国少数民族中，是一个集织、染、绣为一体，尤以美轮美奂的刺绣“工夫”为一绝的民族。关于苗绣，人们对其的赞美太多太多。

［1］李友友. 民间刺绣［M］. 北京：中国轻工业出版社，2006. 6.

苗族服饰之所以堪称世界上最美丽的服饰之一，除了因支系繁多而呈现出数百种款式外，苗绣便是最关键最出彩的元素。“苗衣，实际上是融包括苗绣在内的多种传统工艺为一炉的苗族艺术的结晶。苗衣，因苗绣而充满无穷的吸引力和诱惑力。苗绣，是苗衣的精髓。更是苗衣的灵魂”。[1]“苗绣，把民族的千载传奇，把回忆和缅怀都绣在服饰上，让它变成穿在身上的史书”[2]。“在苗族的纺织中，以苗锦最为著称；在染色中，以蜡染最具魅力；在刺绣中，尤以百鸟衣、百褶裙、背儿带等最为精湛、神奇、出彩。根据杨正文著《苗族服饰文化》所记，苗绣的图案纹饰大致可分为龙纹、鱼纹、鸟纹、蝴蝶纹、几何纹饰、角纹饰、植物纹、云波纹、人物纹等，在各类纹饰中，不仅有的纹饰的亚类特别繁多，而且特色十分鲜明，极富变化。例如龙纹中，就有水牛龙、蚕龙、蜈蚣龙、叶龙、鱼龙、蛇龙、飞龙、凤头龙、水龙、人头龙等变形。在几何纹饰中，有“十”形纹、“卍”或“卐”形纹、“井”形纹、“回”字纹、“菱”形纹等，这些几何纹饰大多保存了中国古代“饕餮纹”的风格。苗绣的技法“大致有12类，即平绣、挑花、锁绣、堆花、贴布、打籽绣、破线绣、辫绣、绉绣、锡绣、马尾绣等。而每一类绣法，又有若干不同的运针方法。以湘西一带平绣为例，其使用针法的技巧有跨针、退针、套针、圈针、偷针、插针、捆针、洒针以及单针锁等。使用不同的绣法、针法、形成不同的构图风格，技法繁，图纹丰富，这是苗绣风格也是苗装的风格之一”。[3]

苗族的历史文化悠久，苗族织、染、绣之间和谐及统一，丰富的苗绣纹样，繁复而多样的针法、绣法，铸就了苗族织绣的辉煌，同时

[1] 阿多. 解读苗绣 [M]. 北京：民族出版社，2007. 14.

[2] 阿多. 解读苗绣 [M]. 北京：民族出版社，2007. 71.

[3] 杨正文. 苗族服饰文化 [M]. 贵州：贵州民族出版社，1998. 235.

也将苗族的服饰文化推向了一个非同凡响的境界。

任何一个民族在其织绣产生、形成和发展的历史过程中，都是先有纺织，才有缝纫，尔后才出现刺绣。各民族的刺绣工艺在产生和形成初期，往往较为粗放，随着生产力的逐渐发展，文化的积淀，其工艺逐渐完善、成熟，从而呈现出自身特点和文化风格。刺绣作为一种工艺，它似乎又存在着一种内在的共性，这种共性，往往体现在刺绣的基本工艺和技法上。但由于各民族自身的文化背景和特质各异，从而又显现出一定差异性。在一些民族内部，这种现象往往也有所体现。例如在汉族内部，在文化变迁的过程中，逐渐形成刺绣的多种派别，就是最好的例证。在历史上，任何一个民族的刺绣技艺都是发源于民间，生长于民间，存活于民间，发展于民间，民间是传统刺绣传承和发展的基础。

三、藏族传统织绣

藏族是我国大家庭中一个历史悠久、文化灿烂的民族，这个民族世世代代长期生活在被称之为“世界屋脊”的青藏高原上，在这个特殊的自然生态环境中，用自己的聪明才智和孜孜不倦的追求，因地制宜，同时又不断学习和吸纳我国内地汉族地区以及周边少数民族地区的织绣技艺，书写了自己织绣的悠久历史。据考古发掘证明，藏族早在新石器时代就已开创了纺织的先河。20世纪70年代以后，西藏考古工作取得了一批重要成果，西藏拉萨市的曲贡遗址、昌都县的卡若遗址、贡嘎县的昌果沟遗址、琼结县的邦嘎村遗址等先后被发掘，再现了新石器时代藏族先民的生产与生活轨迹。在上述遗址中，与藏族先民纺织有关的代表性遗址当数昌都县的卡若遗址。在卡若遗址中发现与纺织和缝纫相关的生产工具有骨角锥208件，骨针131件，陶纺轮6

件。此外，据卡若考古报告所述，在一件陶器内底还残存“织物纹”痕迹。骨角锥和骨针的出现，说明生活于卡若的先民能用骨针缝制兽皮衣。这种用骨针缝制兽皮衣的针法，便是后来藏族先民原初的刺绣针法。而纺轮则是直接用于纺线的工具，纺线材料抑或是动物毛纤维，抑或是某种植物的韧皮纤维。而那件陶器底残存的织物纹痕迹则是当时卡若先民早期织物的见证。另在曲贡遗址中，也有骨针和骨锥出土。春秋战国至西汉时期，藏族的纺织技术得到了进一步的发展，“在贡觉县香贝区石棺墓出土的随葬器物中，有的陶器的底部和器耳内残留有毛织物的印纹”。[1]霍巍先生在《西藏古代墓葬制度史》记载，在阿里日土县阿垄沟石丘墓的出土文物中，在一号墓的女尸足上，穿有一种绛红色亚麻布织成的套袜，在五号墓的女尸领部，残留有一截用黑、白、红三色羊毛编织成的绳索残段，推测可能是在埋葬死者时用以捆绑尸体的遗物，其眼部还残留着一段类似“眼罩”的织物。结合西藏当时的生产方式和物产分析，毛纺织是其纺织的主流，至于麻纺，抑或是有之，抑或是由其他地区传入的，因为在西藏，直至吐蕃王朝时期麻纺织物的考古发现亦尚欠缺。吐蕃王朝时期（公元7～9世纪）藏族的毛纺织技术已经十分成熟，毛织物不仅为服装的主要原料，而且涉及吐蕃人生产生活的各个方面，最突出的是用牛毛纺织物制作的帐篷已经十分普及，在《新唐书·吐蕃传》中，就记录了吐蕃赞普所居之大“拂庐”（即帐篷），其规模之大，“可容数百人”。而当时的百姓，则处“小拂庐”。吐蕃时期是藏族社会的政治、经济、文化和对外交往等全面发展的时期，藏族的织绣也发生了重大变化。公元641年，唐蕃联姻，文成公主嫁到吐蕃，与松赞干布成亲。“文成公主嫁到吐蕃的时候，传说随行带去谷物三千八百类，牲

[1] 杨清凡. 藏族服饰史［M］. 青海：青海人民出版社，2003. 14.

畜五千五百种，工匠五千五百人，这些数字虽然有些夸张，不过可以肯定的是，和文成公主嫁到吐蕃的同一时期，中原地区的农具制造、纺织、缫丝、建筑、造纸、酿酒、制陶、碾磨、冶金等生产技艺和历算、医药等科学知识，陆续传到吐蕃，这些物质的文化和精神的文化对吐蕃社会的发展，创造了极其有利的条件”。[1]由于佛教和宗教艺术的传入，唐卡开始在吐蕃初兴。传说为错巴寺镇寺之宝的丝绣唐卡《释迦牟尼》即系文成公主亲手绣制。该刺绣唐卡“像高2.92米，宽1.72米，释迦牟尼结跏趺坐于莲座上，右手作指地印，左手作禅定印。着红色袈裟，袒右肩，袈裟上饰八宝，肌肤为金色，头顶为佛青色高肉髻，背光中通饰莲花。向左上为一个太阳，正中为一只三足金鸡；右上为一月亮，其中有玉兔在桂树下捣药图形，上端有梵文两列。整幅唐卡绣法平整、紧密，极为精美、绚丽，一些内容反映出我国中原文化的影响”。[2]如果说，藏族的唐卡艺术发端于吐蕃王朝初期，那么，在这个时期以文成公主的丝绣唐卡《释迦牟尼佛》为标志，刺绣工艺的起始时期也在这个时段。在吐蕃王朝时期，藏族织绣进入了一个崭新的阶段，其基本标志为两点：一是刺绣工艺开始初传；二是纺织工艺尤其是毛纺织品种类增多，已经出现了色彩绚丽的多种毛纺织品，如毛毯、毛毡、金帐等。“用牛羊毛所织的黑色和白色为主的毛毡等毛织品，以质地优良、工艺精美、保暖耐用等优点，成为蕃域藏族生产生活中必不可少的传统纺织用品，多用于缝制衣袍、藏被、睡垫、鞋帽等，用于生产中的牛马驮具、垫具、盛具、包袋，用于游牧区、军旅装备中缝制各类帐篷等……日喀则浪卡子一带，已成为盛产藏被的发源地”。[3]吐蕃时期，通过丝绸之路、茶马古道和吐蕃王朝

[1] 王辅仁、索文清. 藏族史要［M］. 四川：四川民族出版社，1981. 18.
[2] 康·格桑益西. 藏族美术史［M］. 四川：四川民族出版社，2005. 135.
[3] 康·格桑益西. 藏族美术史［M］. 四川:四川民族出版社，2005. 153.

与唐朝的友好交往，大量的丝织品输入到西藏和其他藏地，不仅改善了藏族的服饰用料，而且对其织绣技艺的发展也起到了一定的刺激和借鉴作用。唐末，吐蕃王朝解体，及至整个宋代，由于整个藏区处于分崩离析的状态，藏族织绣在一定程度上受到了影响。元、明、清时期，尤其是明、清时期，是藏族织绣成熟时期。由于历代中央王朝的扶持，不仅有大量的丝棉织品从汉地输入到藏区，一些新的织绣技艺也相继传入，使藏区织绣技艺向着更加完善和成熟的方向发展，一直延续到当代。

说起藏族的纺织工艺，在元代，卡垫织造异军突起，西藏的江孜和岗巴等地成为卡垫的重要产地。八思巴去北京觐见元世祖忽必烈时恭送的贡品中就有江孜卡垫。及至明代，江孜卡垫的织造已形成规模，当时的江孜编织和销售卡垫的商铺鳞次栉比，可谓“家家有织机，处处闻机声”。明代，氆氇纺织已蔚然成风，并成为西藏毛纺织的典型代表。在西藏山南地区和日喀则地区是氆氇纺织业的重要地区。在山南地区的贡嘎县姐德秀一带，家家户户以织氆氇为业，不仅产量多，而且质量优异，被誉为“氆氇之乡”。由于该地生产的彩色氆氇，最适宜于制作“邦典”（即围腰），故还有“邦典之乡”的美誉。氆氇依据羊毛的质地和做工的精细程度，大致可以分为协玛、提玛布珠、卡夏、果日和青孜五种等级。“协玛氆氇是从绵羊的下颌至喉及绵羊背上取其纤细软毛，不足部分再从绵羊身上挑选细软毛补足。提玛布珠氆氇用料取自绵羊背上的纤细软毛。卡夏氆氇取料较之提玛布珠差，多用细毛织成。果日氆氇用料比卡夏又差一等，织出的氆氇较粗糙。青孜氆氇用料是细毛和粗毛的混合毛，且粗毛多于细毛，织出的是最次的氆氇”。[1]在古代西藏，不同等级的氆氇往往

[1] 张鹰主编. 西藏服饰[M]. 上海：上海人民出版社，2009. 55.

是与人们的社会地位和富有程度相对应的。氆氇纺织一般都在农区，在西藏除了山南地区和日喀则地区外，工布、芒康等地也盛行氆氇的纺织。例如工布氆氇也有布囊、布间、劲玛、工体日四种类别，其中布囊是最好的氆氇，其材质多为牦牛绒和山羊绒混纺的，这种氆氇不仅柔软，而且极富光泽。在藏族传统的毛纺织中，还有两大宗毛纺织品，一宗多为牧区和半农半牧区的用牦牛毛做原料的纺织成的黑色毛褐子，这种毛褐子多用来缝制牛毛帐篷。这是牧区牧民必备的活动建筑的重要材料。在牧区，多数妇女都具备纺织毛褐子的技能。另一宗是在一些山地农区历来就有纺织毪子的传统，例如工布一带纺织的劲玛氆氇，实际上就是毪子。这种毪子的纺织工艺与氆氇的纺织工艺基本是一致的，只是在用材上较中上等的氆氇要差一些，但这种毪子的特点是较为结实、耐用。纺织毪子这种技艺在今四川藏区东部一带尤其是嘉绒藏区特别盛行。此外，以嘉绒藏区为代表的气候较为温和的农区，由于当地产麻，所以麻纺工艺由来已久。故而，麻纺织工艺也是我国藏区纺织不可或缺的一个组成部分。

关于我国藏区的刺绣，其最初的历史渊源前面已经叙及了唐卡的刺绣源头，而且学术界对“国唐”也关注较多，但对于民间的与民众生活相关的刺绣，由于文献记录少，所以，刺绣鲜有所记，也鲜有所闻。

自元以来，历代中央王朝为了加强对西藏及其他藏区的管理，根据藏传佛教在藏区民众中的影响，常以各类丝织品、各类佛教用品、茶叶等作为布施，给藏区上层、僧侣。在佛教用品中，除了法器、金属佛像以外，便是刺绣、缂丝、织锦等类的“国唐”。这些来自内地的织绣唐卡，其主要功能是供信徒用来供奉和观想用的，但是，各类织绣唐卡作为工艺品，客观上把唐卡织绣的技艺和信息传播到了藏区，为藏区从事织绣业的工匠提供了借鉴。明清以来，藏区已出现了刺绣唐卡的艺人，一些刺绣作品相继问世。“青海卓尼第十代土司夫人仔摩·仁钦贝仲所刺绣的《十六尊者》《八大菩萨》《二十一度母》《五位尊者》《班禅本生传》《达赖本生传》等作品，驰名全藏……刺绣唐卡《十六尊者》系拉卜楞寺所珍藏，采用藏地传统刺绣工艺和吸收内地《十八罗汉》造型绣制而成，色彩鲜明，人物造型逼真，做工精细，层次分明，立体感极强，具有出神入化的艺术效果”。[1]特别值得一提的是“国唐”中的堆绣唐卡，该唐卡大体可分为贴绣和堆绣两类。这个类型唐卡的起源，现存两种说法，一种说法认为：堆绣唐卡是在帕竹王朝时期（明代）与缂丝唐卡、刺绣唐卡等同步发展的艺术珍品。另一种说法认为：堆绣在藏区的历史久远，吐蕃王朝时期随着纺织工艺的发展和成熟，已经在民间较为广泛地运用，人们将毛织品、动物皮裁剪成各种几何图形，然后在服装上进行拼贴，然后沿图案边缘走线绣制即成。时至今日，西藏山南、日喀则以及阿里地区的民间服饰中，都还可以找到早期堆绣在服饰上运用的影子。例如阿里改则牧区牧民的皮斗篷和山南措美扎扎一带的妇女护腰，都特别讲究堆绣。堆绣唐卡是在民间堆绣的基础上，随着织绣唐卡大量从汉地的传入而渐渐枝繁叶茂的。明代中后期，堆绣唐卡在藏区已十分盛行。许多大寺庙都运用堆绣工艺制作大型巨幅唐卡。例如日喀则扎什伦布寺的《无量光佛》《释迦牟尼佛》《弥勒佛》巨幅贴绣唐卡，每幅均高30余米，宽40余米；拉萨布达拉宫的《无量光佛》巨幅贴绣唐卡，高55.8米，宽46.81米；青海塔尔寺的《释迦牟尼佛》《狮子吼佛像》《宝贝佛像》《金刚萨埵》四幅巨幅贴绣唐卡，每幅高30米，宽20米；拉卜楞寺的巨幅贴绣唐卡《释迦牟尼佛》《弥勒佛》《宗喀巴大师像》，每幅唐卡的高都为90米，宽36米。应当说，这些巨幅唐卡堪称世界之最，其贴绣技艺也达到了炉火纯青的

[1] 康·格桑益西．藏族美术史［M］．四川：四川民族出版社，2005．391．

地步。在堆绣唐卡中，塔尔寺的堆绣《十六尊者显神通》《十六尊者像》《蟠桃会》《十八罗汉》享誉全藏区，可以说堆绣技艺是藏区刺绣的一大亮点。作为运用于服饰点缀的刺绣，一般都在农区流行，诸如在西藏的山南地区、日喀则地区，在甘肃的甘南地区东部农区，在四川的嘉绒藏区，都有刺绣的传统。在上述地区中，嘉绒藏区的刺绣颇具代表性。在嘉绒藏区的刺绣中大致有8～10种针法，其中挑花具有显著的地域性特点，盘金绣在我国少数民族刺绣中也颇具代表性。

嘉绒全名为“嘉莫察瓦绒”
意为以大渡河（嘉莫钦曲）
墨尔多山（嘉莫墨尔多）为核心的
温暖河谷农业地区

第二章

嘉绒藏区传统织绣的历史探索

嘉绒，全名为“嘉莫察瓦绒”，意为以大渡河（嘉莫钦曲）、墨尔多山（嘉莫墨尔多）为核心的温暖河谷农业地区。这个称谓是历史上形成的我国藏区的一个文化地理区域概念。其范围，在各个历史时期又有所变化。自清代以来，嘉绒藏区泛指明正、穆坪、巴底、巴旺、赞拉、促浸、梭磨、瓦寺、绰斯甲、革什扎、松岗、杂谷、沃日、鱼通、冷边、沈边、党坝、卓克基18个大大小小的土司所管辖的区域。这18个土司所管辖的范围，除了核心区域大渡河上游的流域外，还包括青衣江上游、岷江上游的部分地区。中华人民共和国成立后，随着民族区域自治制度的推行，嘉绒藏区是指在四川藏区内的甘孜藏族自治州和阿坝藏族羌族自治州，以及雅安市宝兴县所辖区域，即阿坝藏族羌族自治州境内的金川县、小金县、马尔康县的全部区域和壤塘县、汶川县、理县、黑水县的部分地区；甘孜藏族自治州境内的丹巴县、泸定县的全部区域和康定县折多山以东的地区；雅安市宝兴县的部分地区。居住在上述地区的藏族，均称之为嘉绒藏族。

第一节　新石器时代的考古发现

一、新石器时代嘉绒藏族先民的文化遗存

在有关嘉绒藏区和嘉绒藏族的历史文献中，很难找到远古时期先民的相关文化遗存。“文化大革命”结束以后，随着考古工作的逐步推

进，这个问题开始有了突破。首先是在新石器时代，这一区域内是否有先民存在？他们的生存和发展轨迹是怎样的？自20世纪80年代末至今，在大渡河上游流域嘉绒藏族聚居地对新石器时代的多处古遗址的发掘和整理，有力地回答了这个问题。

（一）丹巴县中路乡罕额依遗址

该遗址于1987年夏由甘孜藏族自治州文物普查队在文物普查中发现。1989年10月至1990年12月，由四川省文物考古研究所（即今四川省文物考古研究院）和甘孜藏族自治州文化局联合组成考古队对该遗址进行了为期14个月的考古发掘。经过较长时间的整理，《丹巴中路乡罕额依遗址发掘简报》正式发表于《四川考古报告集》。据《丹巴中路乡罕额依遗址发掘简报》称，该遗址分为三期，各期的年代如下："罕额依遗址第一期共测定了8个碳十四年代数据，其中除2个数据的年代明显偏晚外，其他数据均大致落在B·P·5000～B·P·4500年之间，因此，第一期的年代亦应与之相当。第二期共测定了7个碳十四年代数据，其中除3个数据的年代明显偏早外，其他数据均大致落在B·P·4500～B·P·4100年之间，则有第二期的年代应与之大致相当。第三期共测定了7个碳十四年代数据，其中除1个数据的年代明显偏早外，其他6个数据均以第三期较早的地层和遗迹单位中所出标本测定，年代大致为B·P·3800～B·P·3000年。因此，第三期的上限当不早于B·P·3800年。第三期最晚的地层单位中出土有与岷江上游石棺墓晚期中的双大耳罐相同的器物，后者出现的年代约在西汉武帝前后，故第三期的下限当不早于西汉。因此，第三期的年代应大致为B·P·3800～B·P·2000年之间"。[1]

[1] 四川省文物考古研究所、甘孜藏族自治州文化局,《丹巴中路乡罕额依遗址发掘简报》，载《四川考古报告集》，北京，文物出版社1998年出版，第73—74页。

（二）马尔康县孔龙村遗址

孔龙村遗址位于马尔康县脚木足乡的孔龙村，地处脚木足河北岸二级台阶之上。1989年，阿坝州文物管理所和四川大学考古专业师生曾对该遗址进行过合作调查。2000年7月，成都文物考古研究所、阿坝藏族羌族自治州文物管理所、茂县羌族博物馆组成联合调查组对该遗址再次进行调查并采集了部分陶器、石器和动物骨骼等遗存。2007年科学出版社出版的《成都考古发现》，刊登了由成都文物考古研究所、阿坝藏族羌族自治州文物管理所、马尔康县文化体育局共同发表的《四川马尔康县孔龙村遗址调查简报》。据该《简报》称："孔龙村遗址的年代略早于营盘山遗址的主体遗存，但晚于茂县波西遗址下层遗存。而大地弯第四期的碳十四年代为距今5500年～4900年，营盘山遗址的碳十四年代在距今5300年～4800年之间，判定孔龙村遗址的碳十四年代为距今5500年～5300年。"

（三）马尔康县白赊村遗址

该遗址位于马尔康县脚木足乡白赊村，地处脚木足河北岸二级台阶上。2000年9月，成都文物考古研究所、阿坝藏族羌族自治州文物管理所、茂县羌族博物馆组成联合考察队曾进行过实地调查。2003年5月，四川省文物考古研究所、阿坝藏族羌族自治州文物管理所、马尔康文化体育局组成的联合考察队在对大渡河上游大小金川马尔康地区开展古文化遗址调查时再次对该遗址进行了核查。2007年，科学出版社出版的《成都考古发现》刊载了由四川省文物考古研究院、阿坝藏族羌族自治州文物管理所、成都文物考古研究所、马尔康县文化体育局联合发表的《四川马尔康县白赊村遗址调查简报》。该简报在结语中称："从采集遗物分析，白赊村遗址范围存在两个时期的文化遗存，即新石器时代和秦汉时期的遗存。新石器时代遗存中的各种底色的黑彩陶片（图案题材包括网格纹、平行线条纹、弧线条纹、交接线条纹等）、泥质灰陶平唇口瓶、直口碗、敛口碗等与甘肃东乡林家遗址、师赵村遗址第五期遗存等马家窑类型遗存的同类器物相似，与岷江上游的茂县营盘山遗址、汶川县姜维城遗址的同类陶器的特征也相似。年代相距不远，为距今5000年～4800年前后”。

（四）马尔康县哈休遗址

该遗址位于马尔康县沙尔宗乡哈休村一组，地处茶堡河北岸三级台阶上。2003年4月至6月，根据四川省文物局的安排，为配合《四川省文物地图集》的编撰工作，由四川省文物考古研究所、阿坝藏族羌族自治州文物管理所共同承担，在马尔康小金、金川、壤塘等县文化及文物部门的配合下，对上述四县境内的古文化遗址进行了大面积的调查，哈休遗址便是在此次调查中发现的。2005年12月，阿坝藏族羌族自治州文物管理所、成都文物考古研究所、马尔康县文化体育局三家单位又对大渡河上游脚木足河及其支流茶堡河两岸地区进行了复查，确认了包括哈休遗址在内的十余处新石器时代及秦汉时期的古文化遗址及采集点。2006年3月，经四川省文物局同意，三家单位联合，在前期调查的基础上，对哈休遗址进行了试掘。2010年，科学出版社出版的《南方民族考古》刊登了由阿坝藏族羌族自治州文物管理所、成都文物考古研究所、马尔康县文化体育局发表的《四川马尔康县哈休遗址2006年的试掘》，据该试掘报告称：“哈休遗址的调查与试掘是继营盘山遗址之后川西北高原山地新石器时代考古取得的又一重要成果。发现的遗址包括灰坑十座，出土陶器、玉石器、骨蚌器等遗物数百件。根据出土陶器的特征可以将遗址的堆积分为早、中、晚三段，其间关系密切，是先后继承，延续演进的同一种考古学文化的不同发展阶段。以哈休遗址为代表的遗存是分布于大渡河上游地区的一种新石器时代文化，包含有本土土著文化、仰

阿坝州马尔康脚木足河流域被称为马尔康县的“粮仓”，在新石器时代是嘉绒藏族先民较为集中的聚居区

韶晚期文化、马家窑文化三组文化因素，其年代大致距今5500年～4700年，可以命名为‘哈休类型’，即大渡河上游新石器时代晚期（主要为仰韶时代晚期）的考古文化遗存。像哈休遗址这样一处台地总面积近10万平方米，中心分布区面积上万平方米，文化层堆积厚度达2.5米的大型聚落遗址，并出土有涂红双孔石钺及数量较为丰富的玉器等高规格遗物，应为大渡河上游地区仰韶时代晚期的中心聚落”。

（五）金川县沙尔尼遗址

该遗址位于金川县沙尔乡沙尔尼村，地处大金河二级缓坡台地上。2008年3月，成都文物考古研究所和阿坝藏族羌族自治州文物管理所在复查金川县部分古遗址时，进行了抢救性试掘，“经试掘，沙尔尼遗址西南部发现有新石器时代堆积，清理的灰坑中出土有一尖底瓶，下腹及器底部位……陶质陶色及纹饰都与哈休遗址尖底瓶标本一致”。[1]据参与此次试掘的陈苇先生介绍，“在沙尔尼遗址南面一处叫‘神仙包’的地方，在一老乡家院外断崖距地表约2米的位置发现灰层和灰坑遗迹，灰层厚20～30厘米，灰坑残宽约1.2米，采集到大量陶片和动物骨骼。陶器主要是泥质褐陶和夹沙灰褐陶……可辨器型有罐、钵、小口尖底瓶等，其中有一件钵，细泥红陶，敛口，弧腹，平底，口沿外施有一圈1.5～2厘米的红彩，此件标本有可能早至仰韶中期甚至更早。另有一件小口尖底瓶，器表饰斜向线状绳纹，口沿上唇面经打磨，裸露出与器表颜色明显不一样的陶胎色泽，估计原本应是一件重唇口尖底瓶……那么神仙包可能存在有庙底沟文化甚至更早阶段的遗存”。[2]

[1] 陈苇. 先秦时期的青藏高原东麓［M］. 北京:科学出版社,2012. 178.

[2] 陈苇. 先秦时期的青藏高原东麓［M］. 北京:科学出版社,2012. 178—179. 该遗址的试掘简报目前还未发表，其基本推断皆为该遗址试掘参与者陈苇的推测。

（六）其他新石器时代遗址及采集点

据《大渡河双江口水电站地下文物遗存调查》和《大渡河上游史前文化、环境与生业初析》载，在大渡河双江口电站地下文物遗存调查和大渡河上游考古队所做的调查中，还发现有迭哥寨、蒲志、秋景、丹不落、南木足、英戈洛、石广东、加达、热足、四呷坝、蒲各顶、莫洛村等新石器时代遗址或石器采集点。特别需要提出的是，2013年春，国家文物局公布了2012年全国十大考古新发现，阿坝藏族羌族自治州金川县二嘎里乡刘家寨新石器时代遗址名列榜首。新华社及各大报纸和网站均发布了这个信息。《阿坝日报》作了《金川县刘家寨遗址入选2012全国十大考古新发现——5000年前金川已有制陶业》的报道。据该报道称："刘家寨遗址位于阿坝州金川县二嘎里乡二嘎里村，2011年9月至11月、2012年5月至9月，省文物考古研究院联合阿坝州文物管理所、金川县文物管理所对刘家寨遗址先后进行了两次发掘，发掘面积3500平方米，整个发掘区地层可分为五层，二至五层均为新石器时代堆积，堆积深度从20厘米～180厘米不等，至生土时整个遗址发掘区高低起伏。两次发掘共清理新石器时代各类遗迹350处，其中灰坑298座、灰沟1条、房址16座、陶窑址26座、灶7座、墓葬2座……遗址内还出土陶、石、骨器等小件标本逾6000件……专家表示，刘家寨遗址文化内涵与营盘山、姜维城等遗址出土遗存相似，与甘青地区大地湾第四期、师赵村第四期、东乡林家及白龙江上游马家窑文化等遗存面貌相近，年代大体处于仰韶时代晚期。不过，刘家寨遗址遗存丰富程度超出川西北地区以往任何已发掘的同时期遗址，是四川境内一处极为重要的新石器时代遗址，对研究当地新石器时代晚期考古学文化及交流提供了珍贵的实物资料"。我们之所以没有将刘家寨遗址单独列出，是因为该遗址的发掘后期研究工作正在继续，正式的考古报告还未见诸于世。

以上所述的新石器时代遗址或采集点的调查或试掘简报及调查报告

中所发现的石器、陶器、骨器，以及堆积物等，充分证明了以下几点：

一是至少在新石器时代晚期，大渡河流域今嘉绒藏区的核心地区（马尔康、金川、丹巴、小金等县地区），已经有古代先民休养生息于此，而且其时段与我国西藏的曲贡遗址、卡若遗址的先民的生息时代大致相当。

二是从所发现的器物通过比较来看，既有当地土著先民的遗存，也有与西北地区仰韶文化和马家窑文化有关的文化因素。换句话说，大渡河上游作为古代民族走廊的重要区域，其文化发展的走向并不是孤立的，抑或可能与仰韶文化和马家窑文化之间存在某种联系，至少可以说以上两个文化因素通过传播，产生了一定的影响。

三是大渡河上游地区在新石器时代，古代先民生息的范围较大，遗址、遗迹的点相对密集。

四是一些地方如丹巴县罕额依、马尔康县哈休、金川县刘家寨等遗址地已经形成一定规模的聚落。据《马尔康哈休遗址2006年试掘》记载："河源区[1]范围内的脚木足河流域至今仍然是马尔康的粮仓，开阔的河谷田坝有'小江南'之称。哈休遗址即位于此地区，该流域还有孔龙村遗址和白赊村遗址。遗址所处河谷两岸地带的台地发育良好，地势开阔、平坦，是整个茶堡河流域地理最为优越之处，适于人类定居生活、生产，也是今天沙尔宗乡政府驻地所在和全乡人口最为密集的地方……与附近的孔龙村、白赊、叶浓秋景、沙耳尼遗址等同时期的次级聚落一起，共同构成了大渡河上游地区的仰韶时代晚期聚落体系，是探讨川西北高原山地新石器时代文化谱系序列、遗址分布规律和聚落结构

[1] 文章将大渡河上游地区划分为河源区和上游区，河源区系指丹巴县以上的地区，也可以称之为大金川、小金川流域地区。

体系等课题的难得实物资料”。[1]

再从哈休遗址当时的经济生业形态来看，“在哈休遗址出土的动物骨骼中，只有狗是家养的，其他都应该是先民捕获得的，在日常经济生活中，狩猎无疑是获取肉食的主要方式……另外，试掘同时对灰坑填土进行了浮选，收集的植物经过初步鉴定，可以确认发现了粟、黑麦等作物品种，说明哈休先民也栽培旱作谷物”。[2]

二、嘉绒藏区新石器时代遗址考古发掘中与纺织相关的实物

探求嘉绒藏区织绣的最早历史渊源，除了关注这一区域内通过已进行考古学实证的先民最早的生息的轨迹外，最为重要的是在其出土的实物中，是否发现与纺织有关的实物，这是笔者的根本目的。值得庆幸的是，这个问题得到了回答。

（一）相关纺织工具

在马尔康县哈休遗址和丹巴县中路乡罕额依遗址两大聚落的出土器物中，与纺织相关的器具都有所发现。在马尔康县哈休遗址中，出土有骨锥七件，“依据体量大小分为二型。A型两件，器体高大。T5②B：27，已残断，淡黄色，局部磨光。残长16.8厘米，宽5.5厘米。T2②：1，灰黄色长条扁平状，仅尖部加工。长21.4厘米，宽1.8厘米，厚0.5厘米。B型5件。体量较小。H5：90，尖略残，黄白色，

[1] 阿坝藏族羌族自治州文物管理所、成都文物考古研究所、马尔康县文化体育局发表的《四川马尔康县哈休遗址2006年的试掘》．载南方民族考古（第六辑）[C]．北京:科学出版社，2010．372.

[2] 阿坝藏族羌族自治州文物管理所、成都文物考古研究所、马尔康县文化体育局发表的《四川马尔康县哈休遗址2006年的试掘》．载南方民族考古（第六辑）[C]．北京:科学出版社，2010．372.

骨质坚硬，一侧可见加工切割及断裂痕迹。残长5.6厘米，宽0.5厘米。H5：81，黄白色，骨质坚硬，尖端两侧磨光。长12.1厘米，宽0.7厘米。H9：2，淡黄色，骨质坚硬细腻，尖端磨光，尾端较宽。长8.9厘米，中宽0.6厘米。H10：43，黄色，扁状，骨质坚硬，通体磨光，头端已残，尾部呈圆锥状。残长12.7厘米，宽1.5厘米，厚0.8厘米。H10：46，灰黄色，扁状，两侧磨光，头尾两端磨成尖状。长11.8厘米，宽1.6厘米，厚0.7厘米”。[1]出土的角锥三件，“依据加工形式，分为二型。A型一件。加工程度较甚。H9：3，半成器，长条形，黄色，质地坚硬，一面保留角面，另一面两侧切割齐，柄部凿成圆形，尖端略曲。长27厘米，宽2厘米，厚1.5厘米。B型两件。仅作局部加工。采：17，黄色鹿角制成，质地坚硬、略曲，仅尖部磨光。长15厘米，近尖部直径1.1厘米。H10：42，鹿角制成，质地坚硬细腻，黄灰色，弯曲状，尖端磨光，尾端表面有切割痕迹。长20.5厘米，尖径1.3厘米，尾径3.2厘米”。[2]最重要的是出土了纺轮一件，“H9：104，系陶器腹片加工而成，已残断。泥质灰陶，表面磨光，略弧，周边磨光，中部有圆形穿孔。直径6.5厘米，厚1厘米，孔径1厘米”。[3]在丹巴县中路乡罕额依遗址第一期出土器物中，仅有骨锥；第二期出土器物中，不仅有骨锥，还出现了骨纺轮和陶纺轮。丹巴县中路乡罕额依遗址的历史跨度较大（从距今约5000年至距今2000

---

［1］阿坝藏族羌族自治州文物管理所、成都文物考古研究所、马尔康县文化体育局发表的《四川马尔康县哈休遗址2006年的试掘》．载南方民族考古（第六辑）［C］．北京：科学出版社，2010．319—320．

［2］阿坝藏族羌族自治州文物管理所、成都文物考古研究所、马尔康县文化体育局发表的《四川马尔康县哈休遗址2006年的试掘》．载南方民族考古（第六辑）［C］．北京:科学出版社,2010．321．

［3］阿坝藏族羌族自治州文物管理所、成都文物考古研究所、马尔康县文化体育局发表的《四川马尔康县哈休遗址2006年的试掘》．载南方民族考古（第六辑）［C］．北京:科学出版社,2010．350．

① 陶纺轮
②-⑥ 骨纺轮

骨针

年约3000年的时间），其中第一期和第二期属于新石器时代。第三期属于春秋战国及秦汉时期。关于刘家寨遗址出土的器物，从初步披露的情形看，有石纺轮、骨锥和骨针。石纺轮为磨制纺轮，骨锥数量巨大，是为该遗址的特色，制作精细与粗糙皆有。另据阿坝藏族羌族自治州文物管理所所长陈学志介绍，刘家寨出土了骨针数十枚。这些骨针，磨制光滑，有长方形的针鼻，针鼻上下两端有浅槽，与现代钢针一致。长短粗细不一，多数在8厘米以上。

综上所述，在大渡河上游嘉绒先民生息的几处新石器时代重要聚落遗址中，都分别有与纺织、缝纫密切相关的骨锥，泥质、骨质、石质纺轮，骨针等，说明在这个时期，嘉绒藏族的先民已经初步掌握了纺织、缝纫工具的制作，并开创了以毛纺线的先河。

（二）相关图案纹饰

还有一个十分值得关注的问题是，在马尔康县的哈休遗址和金川县刘家寨遗址中出土的陶器遗存中，陶器（或陶片）表面的图案纹饰十分丰富。据《金川县刘家寨遗址入选2012全国十大考古新发现——5000年前金川已有制陶业》记载："刘家寨遗址出土的陶器分为夹砂陶和泥质陶，夹砂陶多为平底，褐陶、灰褐陶居多。方唇上多压印绳纹，也有部分压印花边口，器身饰以绳纹、交错绳纹、附加泥条堆纹等。泥质陶分彩陶和素面陶，彩陶主要为红褐陶，少量灰褐陶，多在盆、钵、瓶上饰黑彩，常见弧线纹、弧线三角纹、网格纹、圆点纹、垂幔纹、水波纹、草卉纹等纹饰”。据《四川马尔康县哈休遗址2006年的试掘》记载，该遗址“出土陶器包括泥质灰陶、泥质红陶、泥质黑皮陶、夹砂灰陶、夹砂褐陶等。纹饰包括线纹、粗细绳纹、泥条附加堆纹、戳印纹、凹弦纹、绳纹花边口沿等，还有少量彩陶器。彩陶均为黑彩，图案题材包括弧边三角纹、圆点纹、网格纹、水波纹、粗细线条纹、长条叶片纹、圆圈纹等”。上述这些陶器纹饰，对后来嘉绒藏族的织绣的图案也产生了重要的影响。

第二节　春秋战国至秦汉时期的考古发现

大渡河流域春秋战国至秦汉时期的考古发现，主要为石棺墓葬。石棺墓葬在四川藏羌地区（含金沙江、雅砻江、大渡河、岷江诸流域地区）遗存较多。迄今为止，在大渡河流域地区，经过正式考古发掘的春秋战国至秦汉时期的遗址，主要有以下两处。

一、小金县日隆石棺墓葬群的考古发现

小金县日隆石棺墓葬群位于日龙镇政府东南200米，沃日河支流长坪沟左岸一级坡状台地上，台地东西长200米，南北宽150米，总面积约30000平方米。墓葬主要分布于台地的东半部分，是2005年初四姑娘山景区内长坪沟搬迁村民在该处修建房屋时发现。2005年6月下旬，经四川省

文物局同意，阿坝州文物管理所、四川省文物考古研究院、小金县文物管理所联合进行了抢救性发掘。共清理墓葬41座，出土器物190余件。在出土的各类器物中，包括陶器、青铜器、铁器、骨器、漆器、水晶、玛瑙、蚌壳、烧料珠等。在骨器中有骨锥和骨纺轮，据参与试掘的阿坝州文物管理所所长陈学志介绍，在发掘的三座石棺墓葬中发现5枚饼形骨质纺轮。铜器中，除有铜锥外，还有许多与服饰相关的手镯、耳环、玛瑙珠、纽扣、连珠纽等。特别值得重视的是，还发现了包裹铁器的粗麻布。

二、丹巴县中路乡罕额依遗址第三期遗存

前面已经叙及，丹巴县中路乡罕额依遗址的历史跨度达3000余年，其中第三期遗存的年代在B・P・3800～B・P・2000年之间，其下限时间约在西汉武帝前后。在该期的遗物中，锥、纺轮、针均有出土。其中骨锥，“标本90DZHF7：24系列用羊腓骨磨制而成，长9.95厘米。标本90DZHF5①：6用动物肱骨或股骨制成，局部磨制。长7.35厘米”。[1]在纺轮中，为泥质陶纺轮，“标本89DZH2①：3为泥质灰陶。弧面、平底，面上刺孔三周。直径5.4厘米，孔径0.6厘米，高1.4厘米。标本89DZH2④：27为夹沙陶，圆饼形。直径5.5厘米，孔径0.8厘米，高0.6厘米”。[2]在骨针中，“标本90DZHF5①：7长7.8厘米。标本90DZHF4③：49长9.2厘米”。[3]此外，在丹巴中路以及其他地方的一些石棺墓葬

[1] 四川省文物考古研究所、甘孜藏族自治州文化局发表的《丹巴县中路乡罕额依遗址发掘简报》. 载四川考古报告集［C］. 北京:文物出版社,1998. 69.

[2] 四川省文物考古研究所、甘孜藏族自治州文化局发表的《丹巴县中路乡罕额依遗址发掘简报》. 载四川考古报告集［C］. 北京:文物出版社,1998. 66.

[3] 四川省文物考古研究所、甘孜藏族自治州文化局发表的《丹巴县中路乡罕额依遗址发掘简报》. 载四川考古报告集［C］. 北京:文物出版社,1998. 69.

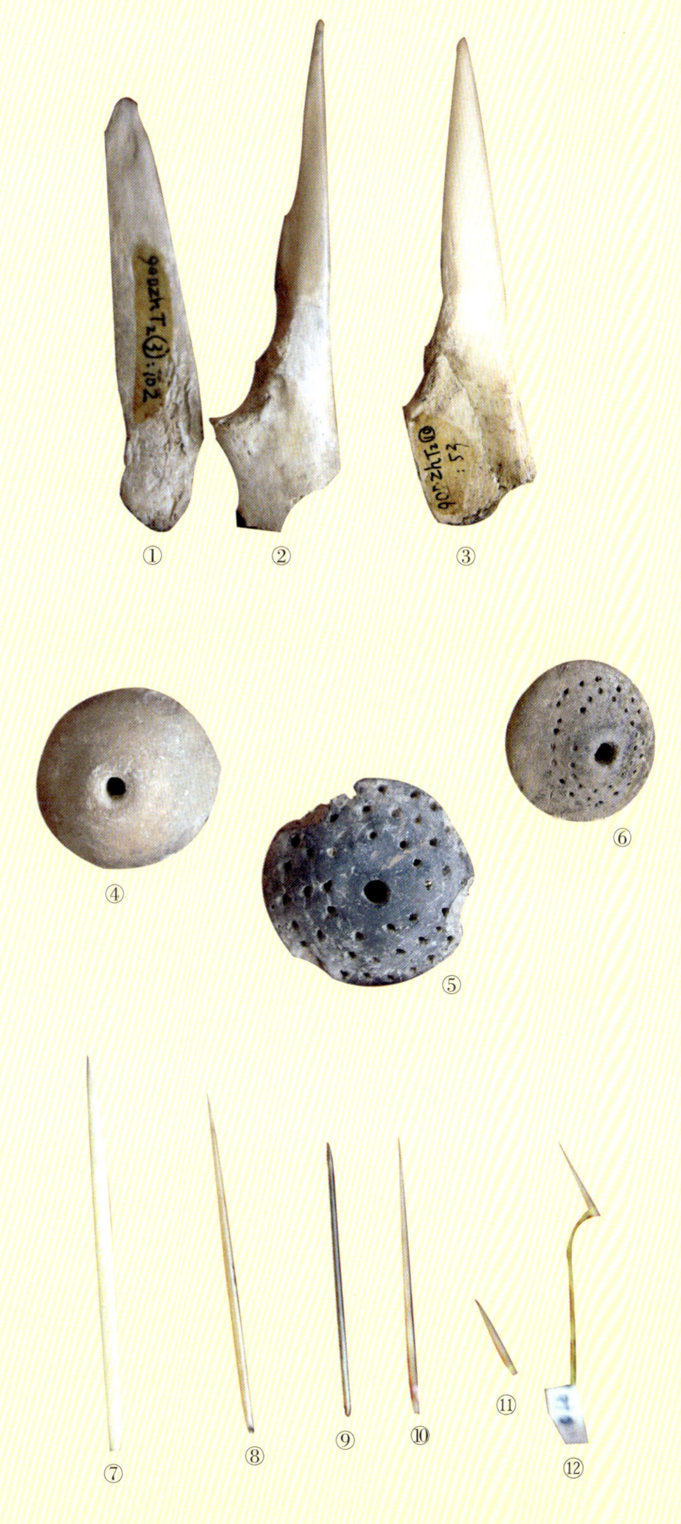

①–③ 骨锥
④–⑥ 纺线轮
⑦–⑫ 骨针

中，也有类似的骨锥、纺轮、骨针等器物出土。

春秋战国至秦汉时期大渡河上游的古遗址和石棺墓葬，应是其新石器时代文化的延续。随着历史的推移，其先民的生产力也随之发展。与区域外的文化交流也更显频繁。这些都在丹巴县中路乡罕额依遗址第三期遗存和小金县日隆石棺墓葬群的遗存中得到显现。就织绣而言，主要有以下三个特点：其一是锥、纺轮、针的数量逐渐增多，制作水准也有所提高；其二是出现了铜锥，出现了与服饰相关的饰品和纽扣等物；其三是出现了打制的石网坠；其四是出现了麻织品。关于丹巴县中路乡罕额依遗址出土的打制石网坠的问题，在《丹巴县中路乡罕额依遗址发掘简报》中有“标本90D2H采：011以卵石为原料加工而成，以双向打击法在两侧各打出一个缺口以利捆缚。长7.6厘米、宽5.1厘米、厚1.4厘米”的器形简单描述。但它透露了一个十分重要的信息。即当时的先民或利用动物的毛，或用植物纤维纺出的线，编织成网，以网取河中的鱼类为食。这正是古代先民“网目为衣”的印证。关于麻织品出现，客观地讲有两种可能，一种可能是通过传播渠道，从嘉绒藏区以外的地方传入的。这与西藏阿里地区阿垄沟石丘墓出土的绛红色亚麻布套袜及瞑目织物残片（早期金属时期）的情形十分相似。有的学者曾推测，“西藏的麻织物是从汉地传入的” 。那么，嘉绒藏区距离汉地更近，麻织品在当时传入的可能性是存在的。另一种可能便是，在这一时期内，汉地的织麻技术已经传入嘉绒藏区，并为当地先民所掌握，而生产出的自织麻布。“早在三四千年以前，我国大麻的种植遍及华北、西北、华东、中南各地。那时，我们的祖先就已经掌握了沤制大麻，剥取纤维的方法”。[1]西汉时期，大麻的沤制、纤维的剥取、麻布的纺织技术已经十分成熟。“东汉时，大麻的种植地域不断扩大，往北向内蒙古一带推广，往南则向两广一带推广”。[2]根据笔者调查，嘉绒藏区历

[1] 上海市纺织科学研究院《纺织史话》编写组编．纺织史话［M］．上海:上海科学技术出版社,1978．34.

[2] 上海市纺织科学研究院《纺织史话》编写组编．纺织史话［M］．上海.上海科学技术出版社,1978．36.

史上曾经种植两种麻，一种是火麻，另一种是剑麻。火麻是当地野生麻种，后经人工栽培，成为当地纺织麻布最主要的原料；剑麻则有可能是古代先民从异地引进的麻种。嘉绒藏区海拔3000米以下的地方，由于气候较温和，十分适宜麻的生长，也就是说，只要有了技术，原料是不成问题的。嘉绒藏区在汉代时期，当地先民的毛纺织技术已经成熟，只要掌握了麻纤维的剥取和沤制，麻纺织自然水到渠成，此其一。其二是随着南方丝绸之路和北方丝绸之路的开通，汉地丝织品以及其他织品均已有传入，也为嘉绒藏区的先民进一步认识除毛纤维纺织以外的植物纤维纺织提供了借鉴。汉代嘉绒藏区的先民，利用当地盛产的麻资源，学习借鉴汉地先民剥麻、沤麻的技术，在毛纺织的基础上，纺织麻布成为一种现实。

第三节　从汉至唐有关嘉绒先民与织绣相关的历史文献记载

本章第一、二节主要依据当代考古发掘资料对嘉绒藏区从新石器时代至秦汉时期当地的先民的织绣进行了探源。本节则参考了《后汉书》《北史》《旧唐书》等历史文献，对其中与嘉绒藏区织绣相关的记录，作如下梳理，并提出一些浅见。

首先需要关注的是《后汉书》，在《后汉书·南蛮西南夷列传》的“冉駹夷”条下有如下记载：“冉駹夷者，武帝所开。元鼎六年，以为汶山郡……其山有六夷七羌九氐，各有部落……土气多寒，在盛夏冰犹不释，故夷人冬则避寒，入蜀为佣，夏则避暑，反其邑”。这段话在《华阳国志·蜀志》中也有记载，引文中冉駹夷系指当时众多部落的总称，在汉武帝时已经设置为汶山郡，说明汉文化已经传播到了冉駹夷广大地区。此外，从地理区位上讲，汶山郡地与川西蜀中为近邻，所以，当地被称之为夷的藏、羌先民在冬季入蜀打工，接触了川西蜀中文化。川西蜀中作为我国栽桑养蚕、抽丝、织锦的发祥地之一，汉时织锦和刺绣已十分盛行，在《后汉书》中已有“女工之业，衣履天下”的记载。汶山郡地的藏、羌先民，来到川西蜀中，那里的织锦与刺绣的技艺，自然会耳濡目染。同时，在入夏返乡之际，还极可能将川西蜀中的锦缎、丝线、金属针等物件尽数带回。

在《后汉书·南蛮西南夷列传》的“白马氐”条下，有“白马氐者，武帝元鼎六年时，分广汉西部，合以为武都，土地险阻，有麻田，出名马、牛、羊、漆、蜜”。汉代，白马氐与冉駹夷为近邻，地理环境与冉駹夷相似。文中记那里“有麻田”，说明盛产麻。既然产麻，那么在当时，白马氐人织麻已成一业。由此可推，冉駹夷人种麻、织麻之技也理所应当有所发展。

在《北史·附国传》和《隋书·附国传》中，都有有关附国及其嘉良夷大致相同的记载。在《北史·附国传》中有“附国者，蜀郡西北两千余里，即汉之西南夷也。有嘉良夷，即其部，所居种姓自相率领，土俗与附国同，言语少殊……其俗以皮为帽，形圆如钵，或带幂离。衣多毼皮裘，全剥牛脚皮为靴”。引文中嘉良夷是嘉绒藏族在当时的称谓，这个称谓与后来《旧唐书》中所称“哥邻国”基本一致。嘉良夷在当时所穿的衣服中，既有毼，也有皮裘。所谓毼，即指用一种被称之为“毼”的毛织品。[1]

隋朝至唐朝初期，今四川阿坝藏族羌族自治州广大地区，其时统称西山地区，在西山地区内，有八个较大的族群，据《旧唐书·南蛮西南蛮传》东女国条下记载“贞元九年七月，其王汤立悉与哥邻国王董卧庭、白狗国王罗陀忽、逋祖国王弟邓吉知、南水国王侄薛尚悉曩、弱水

[1] 在《隋书·附国传》中，在毼字前有一“毛”字。在《古汉语常用字字典》中，毼和氀是连在一起的，即氀毼，为一种毛织品。

国王董辟和、悉董国王汤息赞、清远国王苏唐磨、咄霸国王董藐蓬，各率其种落诣剑南西川内附。其哥邻国等，皆散居山川。弱水王即国初女国之弱水部落。其悉董国，在弱水西，故亦谓之弱水西悉董王。旧皆分隶边郡，祖、父例授将军、中郎、果毅等官，自中原多故，皆为吐蕃所役属。其部落，大者不过二三千户，各置县令十数人理之。土有丝絮，岁输于吐蕃。”以上所记，说明了三层意思。其一是，唐初的西山八国是哥邻国、白狗国、逋祖国、南水国、弱水国、悉董国、清远国、咄霸国。其二是，起初，他们皆为唐朝所设众多羁縻州制下，后由于吐蕃王朝的崛起东渐，而为吐蕃所属。其三是，西山八国地区民间纺织技艺已经十分成熟，广产丝絮，并向吐蕃输出。所谓“丝絮”，笔者认为，西山八国地从不栽桑养蚕、抽丝织锦，应当是指毛织品和麻织品的合称，抑或专指麻织品，而非丝织品。有专家认为，“从当时的历史情况分析，其（吐蕃）引进的织物，应当还有麻布”。[1]

尽管自汉以来至唐这段历史时期内，历史文献中记载嘉绒藏区织绣的史料十分有限，但是仍可以从中窥见嘉绒藏区的纺织技艺从萌芽至初兴到基本成熟的发展历程。其主要标志是：除了较早已掌握的毛纺织技艺外，麻的种植、沤制、织麻布也得到了发展，形成了毛、麻纺织并驾齐驱的态势，嘉绒藏区的毛、麻织品不仅仅为其先民自产自用，而且还可以有一定的输出。

关于嘉绒藏区的刺绣，则自新石器时代的考古发现中，仅见骨针、骨锥等，青铜器时代的出土文物中，也仅见铜锥，而未见铜针。它们应是当地先民用来缝制衣物的工具，而非刺绣用具。即使到了西汉乃至唐代，随着铁器的出现，在紧邻的蜀中，织锦和刺绣已经盛行的年代，冉駹夷、西山诸部的先民虽然常“入蜀为佣”，接触到当地的织锦、刺绣

[1] 杨清凡. 藏族服饰史［M］. 青海:青海人民出版社,2003. 69.

等工作，并可能获得丝、麻织品和用以刺绣的工具，但刺绣作为一项专门技艺，要在当地生根、开花，则需要一个相当长的历史过程。在川西蜀中，有关刺绣的历史尽管有学者上推至春秋乃至更早的时期，但由于蚕丝特有的化学特性使绣品很难保存，所以仅以三星堆青铜立人像上的龙纹礼衣的图案来推断。此外，便是在西汉扬雄的《蜀都赋》中以“丽糜螭烛，若挥锦布绣，望芒兮元幅……”来做答案。川西蜀中的刺绣乃至汉地其他地区的刺绣技艺的发展，所仰仗的一个重要因素，便是十分发达的蚕桑业及丝织品业，这在嘉绒藏区是不具备的。

第四节　唐代以来嘉绒藏区传统织绣的发展

一、唐代以来嘉绒藏区的纺织技术的发展

嘉绒藏区纺织技艺的历史悠久，前面已经论及，早在新石器时代就已经发端，这不仅与我国西藏地区的纺织历史同样悠久，就是与我国许多少数民族地区的纺织历史也是大致同步的。但是纺织技术发展历程、技艺特点，以及成熟期却是不尽相同的。倘若与西藏地区的纺织历史做一比较，其共同点大致如下：一是有同样悠久的历史；二是都是以毛纺织技术为主体技术；三是毛纺织技术的成熟期，大致都在隋唐时期。就其区别而言，主要是指唐代以后，在社会生产力的不断发展，内部和外部的交流日渐频繁，藏区纺织技术纵深发展的格局下，由于地理环境、地理区位、社会结构和地缘文化等方面的差异，从而导致纺织技术上的

差异性。就毛织品而言，嘉绒藏区的毛纺织品是以毪子为大宗，仅有少数高山牧区有牛毛纺织品。而在西藏，其毛纺织品品类较多，诸如卡垫、氆氇、毪子、藏片、邦典、藏毯等等。在氆氇中，又有大致五种产品。在西藏历史上，一些毛纺织技术较为集中的地方，已形成了一定的规模，如在西藏日喀则地区的岗巴、江孜一带的卡垫纺织，在山南地区的贡嘎县姐德秀一带，在工布和芒康等地都有专门从事毛纺织品的作坊集群。而在嘉绒藏区，毛纺织却长期停留在个体家庭作业之中。毛纺织品除了相对单一外，毛织品的精细程度与西藏比较自然也就存在一定的差距。嘉绒藏区的毛纺织机具自纺织技艺创立以来，一直沿袭着古老而又传统的腰机。虽然毛纺织工具十分简单，但是，由于嘉绒的先民凭着一种执着和勇于探索的精神，不仅能够使牛、羊毛毪子纺织和麻布纺织的技艺得到很好的传承，而且在花带的织造上，更有所发展和创新。首先是在编织材料的使用上，从最初的毛线编织，逐渐发展到丝线编织、棉线编织，以至当今的化纤线编织；其次是在产品上，不仅有专门用以缝制诸如褡裢、杂物包等的花带，而且有各种规格尺寸的腰带、经书带、呷乌带、背儿带、藏靴带等；其三是在图案上，将藏族的一些传统吉祥图案，经过不断探索和实践，提炼出既保持民族传统，又便于掌握和推广，且十分适合织造工艺的变形型或混合型的图案；其四是在色彩上，由最古老的原毛黑白对比色，发展到红、黄、黑、白、蓝、绿六种基本色，以及红色中的大红、粉红、橘红、玫瑰红、紫红，黄色中的橙黄、金黄，绿色中的草绿、麦绿，蓝色中的靛蓝、玉蓝等十余种颜色的多色组合；其五是所有的花带，均为双面成形，似乎可以认为，这就是嘉绒藏区的一种传统的织锦技艺。

花带的织造展示了嘉绒藏区的编织技艺的最高水平，同时显现出了嘉绒藏区织造技艺数百年来的发展历程。时至今日，在民间艺人中，说不清花带织造从织毪、织麻中脱颖而出的起始历史，也未见其相关的研究成果和文献典籍中有所记载。但从其图案的成型发展变化和丝线、棉线等材料的使用情况分析，嘉绒藏区花带的织造，至迟在公元13世纪～14世纪，或者更早一些时期就已经兴起，到公元17世纪以后逐步成熟。

二、唐以来嘉绒藏族刺绣技艺的发展

唐代以来嘉绒藏区的刺绣技艺的发展脉络并不十分清晰，首先是没有文献可依可据，其次是缺乏实证，诸如考古发现，或是民间收藏品等。所以，我们试图从历史的角度，从紧邻的羌族地区和四川盆地的刺绣发展状况，从嘉绒藏区的纺织技艺的发展状况等方面切入，作一些分析推断，以期认识自唐以来嘉绒藏区刺绣技艺发展的几个阶段。

（一）嘉绒藏族刺绣的初萌阶段

西藏本土的藏族起源的历史十分悠久，均以“猕猴变人”的传说作为其起源的源头。从目前已有的考古资料证明，在旧石器时代晚期和新石器时代，西藏的藏族先民就已经开创了属于自己的文明。公元前三世纪雅砻部落崛起，并开始出现了第一个王统，标志着藏族步入逐步形成的轨道。至公元6世纪末7世纪初，雅砻王统第三十一代赞普囊日伦赞和第三十二代赞普松赞干布，先后征服西藏地区的羊同、苏毗、多弥等众多部族，并迁都拉萨，建立了吐蕃王朝。此时，藏族便已基本形成。从公元7世纪至公元8世纪，吐蕃王朝兴兵东渐，今青海、甘肃、四川、云南四省的藏族聚居区便逐步纳入到吐蕃的统治势力范围。其时，已经有了藏地三区，即卫藏四茹、阿里三围和多康六岗地区的说法。吐蕃东渐时期，大量的西藏本土军队和随迁的民众来到多康地区[1]，与当地的先民共处，他们把吐蕃的文化带到了多康地区进行广泛的传播。公元9世纪中后期，吐蕃王朝瓦解，整个西藏又陷入分裂的局面，直至公元13世纪元朝建立后，整个西藏及吐蕃东渐时的统治势力范围的多康地区，均为元朝所统治。虽然吐蕃东渐后，已有藏地三区的说法，但并非证明多康地区的先民在纳入吐蕃的统治势力范围后就已经藏族化了，那是需要一定的历史过程，一是从西藏迁徙至这些地区的军队士兵和随迁民众在与当地先民的共处中，在适应中互相融合需要较长的时间；二是多康地区的先民在接受吐蕃文化，并与当地的土著文化相融合，也需要一定的时间。在这个过程中，西藏本教文化在多康地区的传播和发展，起到了一个催化作用。公元10世纪后，藏传佛教文化的传播，加速了多康地区的先民藏族化过程。元朝建立后，在我国少数民族地区推行土司制度，公元1260年，元中央王朝设立释教总制院（公元1288年改为宣政院），管辖全国宗教事务和藏区行政事务，在西藏和青海、甘肃、四川、云南昔日吐蕃势力所达范围内，设立了“吐蕃等路宣慰司都元帅府”“吐蕃等处宣慰司都元帅府”和“乌思藏纳里速古鲁孙宣慰司都元帅府”，以推行“帅臣之下，亦僧俗并用，而军民通慑”之制。元中央王朝在上述地区设立的土司，也就标明了除西藏以外的其他藏区的藏族已经形成的事实。其时的嘉绒藏区属于“吐蕃等路宣慰司都元帅府”管辖。雀丹先生在其《嘉绒藏族史志》中也认为：“由此可见，今嘉绒藏区自唐蕃征战以来，多为吐蕃管辖，从元代归为中华版图。其他先民同吐蕃士兵和迁徙移民互为融合，形成具有以藏族习俗为主，并保持有一定地方特色的区域性群体，即藏族的一支”。

嘉绒藏族在其形成过程中和形成后的一段时间内，除了藏传佛教

[1] 多康地区，泛指后来的安多地区和康区，也即是当今的青海、甘肃、四川、云南藏族聚居区。

在区内广泛传播和发展外，其他文化因子也逐渐为嘉绒藏族所吸纳，诸如语言文字乃至其他许多文化事象。就缝纫技艺而言，其传承人，与纺织技艺的传承者是有明显区别的，缝纫的传承者是男性，而编织的传承者却是女性。这种分工（或者叫传承方式）一直延续到20世纪。其次是入针针法，嘉绒藏族缝纫时的入针法，均采用“怀向入针法”，直至当今，嘉绒藏族传统缝纫的入针法一直还沿用此入针方法。缝纫技艺的男性传承方式和怀向入针法，在我国藏区普遍存在，它成为与我国许多少数民族缝纫，以及刺绣的显著区别之一。这也充分说明嘉绒藏族在形成过程中，缝纫这一民俗事象的变迁史实。

嘉绒藏族缝纫的男传形式和怀向入针法的定格，直接影响到刺绣的传承和发展，这在我们的田野考察中得到证实。在丹巴县，有一位当地小有名气的老年绣娘曾告诉我们，她的刺绣技艺是其父亲传授的，而父亲的技艺是祖父传授的。在马尔康采访当地一户藏族家庭时，男方是一位当地有名的美术师，他不仅善于绘画、雕刻，而且还是一位刺绣好手，其夫人头上搭的绣花头帕便是他亲手绣制而成的。而女方则善于编织，在采访过程中，女方还向我们展示了她熟练的织造花带的技艺。她还说，她不会刺绣，她家的刺绣作品都是丈夫所为。我们在马尔康看到数位绣娘刺绣时都是采用清一色的怀向入针法。

前面，我们推断了嘉绒藏族织造花带的兴起时间大约为公元13～14世纪，或者更早一些的时期。从我们所见到的一些老花带和新近编织的花带图案中，其基本图案都源自于藏族的传统吉祥符号，诸如万字符、蜂窝符、拥忠符、金刚撅符、十字符、锯齿符等纹样，再则就是上述纹样的变形图案。这些花带图案，与刺绣的图案有着紧密的相辅相成的联系。从现在嘉绒藏族刺绣中所保存基本图案来认识，嘉绒藏族刺绣的基本图案由三个部分组成，一个部分便是与花带编织图案大致相同的藏族吉祥图案，一部分便是地方性特点鲜明的花草图案，还有一部分是借鉴汉地或相邻民族羌族刺绣的花鸟动物乃至人物图案。应当说，嘉绒藏族刺绣初萌阶段所使用的图案主要是第一部分和第二部分的图案。而第三部分所使用的图案则有的是从第二个阶段以后才使用的。

嘉绒藏族刺绣的第一个阶段——初萌阶段，我们认为大致为宋代至元代，即公元10世纪中后期至公元14世纪中叶的近400年时间。

（二）嘉绒藏族刺绣的形成阶段

嘉绒藏族刺绣的形成阶段，我们不妨从蜀绣和羌绣在明代的发展趋势入手来做出一个初步判断。

1. 明代蜀绣的发展对嘉绒藏族刺绣的影响

由于四川盆地是我国丝绸文明的发祥地之一，所以，“在商代，蜀地就拥有纺制不同规格的丝线及织造、刺绣的能力”。[1]春秋战国时期，蜀锦已经问世，秦汉时期，蜀锦名闻天下，“蜀锦的辉煌更加带动了蜀绣的发展，蜀地成为丝织业的中心，使得蜀绣的原料更充沛，人们对衣饰的多样性需求使绣和锦并肩发展，并产生了蜀绣独具特色的‘锦纹针’技法”。[2]应当说，蜀绣是我国刺绣最早兴起的绣种之一，之后的历朝历代，蜀绣与蜀锦并驾齐驱，长盛不衰。及至明代，“由于棉织物的大量使用，使蜀绣的挑花、抽纱技法大大发展，在郫县、麻柳等地形成挑绣之乡。挑绣的技法简单，绣制方便，以平纹制织的经纬密度相同的棉织物，便于挑绣数纱，其制品结实耐磨而又不失美观，在民间迅速流传。蜀绣中的挑绣针法纹样对周边少数民族的刺绣也有巨大的影响，在彝族、苗族、羌族、白族、纳西族等少数民族的刺绣中都有大量的挑绣纹样”。[3]文中虽未提及蜀绣中的挑花、抽纱技法对藏族刺绣技

[1] 黄修忠. 蜀锦［M］. 江苏:苏州大学出版社，2011. 1.

[2] 赵敏. 中国蜀绣［M］. 四川:四川科技出版社，2011. 10.

[3] 赵敏. 中国蜀绣［M］. 四川:四川科技出版社，2011. 16.

艺的影响，但它其实是客观存在的，这不仅在今嘉绒藏族的刺绣针法中可以找到答案，而且在许多刺绣作品中，也可以窥探到蜀绣中的挑绣纹样。蜀绣挑花之所以能在周边少数民族地区产生巨大影响，其原因主要在于以下几个方面：一是技艺所需要的刺绣面料为布料，这种面料与丝相比较，既结实，又耐磨，而且成本相对较低，与麻布相比较，硬软度合适、透气性尚佳，而且更轻便，所以，大众接受程度高。二是刺绣技法相对简单，易于为一般百姓所掌握。基于上述原因，这种挑花技法便很快被周边少数民族接受，并迅速传播到广大百姓之中。

明代，蜀绣中的挑花、抽纱技法的发展，极大地推动了嘉绒藏族刺绣的发展，从一定程度上讲，促成了嘉绒藏族刺绣的形成。

2. 羌绣发展历程的相关参照

羌族在历史上与嘉绒藏族有一定的渊源关系，同时又是近邻，故而在文化上的联系也是十分紧密的，以羌绣的发展历程作为参照很有必要。

目前有关记载和研究羌绣历史的成果极为有限。现就我们所收集到的较具代表性的说法引录如下：

（1）1992年，由黄代华主编，广西人民出版社出版的《中国四川羌族装饰图案集》，从羌族装饰图案的视角，对羌绣的历史作了如下简要描述：“羌族图案装饰历史悠久，早在新石器时代，草绳包烧的土陶制品留下‘绳纹’痕迹，这是我国原始装饰纹样的开始，是古羌文化最早的文明记载，也是羌民族生活、文化的历史纪实……追根溯源，从羌族图案中证实，到后来的回纹、锁子扣、链子扣、水波纹等是原始绳纹的变形、演移和发展……到了明清时代，羌族的文化艺术，集中地体现在挑花、刺绣上。那浓郁的地方情调、精湛的手工技艺，已由单纯的生活服饰升华为艺术品。在服装的处理手法上，用色线滚出绳纹图案，使‘绳式’纹样产生了进一步的变化。”

（2）2012年，由四川省音乐舞蹈研究所编著的《羌族文化传承人记实录》，对羌绣的历史所作出的判断，与《中国羌族装饰图案》的表述大致相同，在叙及明清羌绣的发展状况时说：“到了明清时期，羌绣就已普遍盛行，而后，逐渐吸收汉族挑花技艺并发展成独具特色的羌绣。从羌绣的装饰图案中可以看到，明清时代羌绣工艺集中体现在挑花、刺绣上，羌绣已由单纯古朴的生活服饰装饰升华为精美的艺术品。羌绣也逐渐由对实用价值的追求上升到对艺术价值和审美价值的追求”。

（3）2012年，由四川省劳务开发暨农民工工作领导小组办公室、阿坝藏族羌族自治州劳务开发暨农民工工作领导小组办公室编著的《职业技能培训教材——羌绣》，该教材中对羌绣的历史表述如下：“羌绣的发展历史起于何时已无从考证，但可以确信，早在明清时期，羌绣已经在羌族中盛行……经过几百年的代代相传和不断创新发展，羌绣已经逐渐形成一个内涵丰富、针法独特的民族民间工艺体系”。

通过对蜀绣在明代时期挑花技艺的兴起并对周边少数民族的影响，以及羌绣在明代以后的发展的简要认识，我们可以对嘉绒藏族刺绣的形成阶段做出一个基本判断。

首先，嘉绒藏族刺绣的形成阶段大致为明代。但是，客观地讲，它没有羌绣的成熟度高，之所以这样讲，一是从羌绣的图案来看，要比嘉绒藏族的刺绣图案，特别是一些约定俗成的组合性传统图案更显丰富；二是羌绣在百姓中的普及面更广；三是羌绣的针法的技艺较之嘉绒藏族的刺绣更完善一些；四是嘉绒藏族的刺绣虽然在明代形成，其特点还不太鲜明，依然还处于一个需逐渐自我完善的过程之中。

（三）嘉绒藏族刺绣的成熟阶段

前文中我们已分析了嘉绒藏族刺绣形成于明代，但作为一个绣种来讲，与羌绣比较，仍处于一个需逐渐自我完善的过程之中，这个自我完善的过程应是在清中叶以后才基本实现的。也就是说，清代中叶以后，嘉绒藏族刺绣作为一个绣种，才基本发育成熟。

将嘉绒藏族刺绣的成熟期定于清中叶以后，有一个重要因素，这个因素便是较多汉族的迁入。据《阿坝州志》记载："乾隆十二年至十四年（1747～1749年）和三十六年至四十一年（1771～1776年），清政府曾两次征大、小金川，战争历时8年。大战以前，大、小金川是嘉绒藏族聚居区，人口众多。战后，这一地区大片土地荒废，人民深受战争之苦，人口骤减，于是清政府从汉区招募了汉人到大、小金川等地垦荒。大、小金川战役后，清政府紧接着在此'改土归流（屯）'，废土司，置懋功厅，其下设靖化、崇化、抚边、懋功、章谷5个屯，共计屯兵5营6500人，其中大部分是征大、小金川之绿营兵和口内兵丁自愿来屯耕种者，他们成为当地屯户中的一部分。屯户中还有一部分民屯户，这些人大部分是从四川内地州县迁来的汉民以及少数内地汉族商贩就地给田安插者。到此，大、小金川等地汉族人口大大增加，并且大多数居住在河谷和离大路较近的村寨。'改土归流'从清乾隆至道光年间的一百多年才完成"。金川县和小金县是嘉绒藏族的核心聚居地，大量的汉族迁入，必然将汉族文化在迁入区内传播，其中嘉绒藏族的刺绣在这个时期及其以后的较长时间内，所受到的影响是比较突出的。其一是，在内地汉族民间，刺绣技艺大都为女性掌握，也就是说其传承方式为女性传承，随着清中叶以后较多的汉族移居嘉绒藏区，刺绣的女性传承方式逐渐为嘉绒藏族接受，传统的由少数裁缝掌握刺绣技艺男性传承方式开始发生改变，使较多的女性接触到刺绣技艺，致使过去传统单一的男性传承方式，变为以女性传承为主的格局。如此使得传承面得到了较大的扩展。藏族编织与挑花刺绣国家级传承人杨华珍是小金县的嘉绒藏族，据她回忆，其传承谱系现已经历经5代，其第一代传承人（曾祖母）肖李氏（生卒年代不详），第二代传承人（外婆）王肖氏生于清同治十年（1871年）。由此可见，清代后期，嘉绒藏族刺绣的女性传承机制形成。不过，在嘉绒藏区内部，各地女性加入到刺绣技艺传承技艺的面是不一致的。在马尔康等地的传承面较小，而在金川县、小金县，乃至理县、汶川县的部分地区，则传承面相对要大一些。其二是清中叶以后，迁入到大、小金川等地的汉族，将一些自己所穿的刺绣服装带到迁入地，为嘉绒藏族从事刺绣的传承人提供了样本，并开阔了嘉绒藏族刺绣的视野。此外，当时清廷在两金川战役结束后，为了安抚当地民众，亦曾以刺绣服装作为布施，馈赠给当地一些人士，当地藏族视之为珍贵之物，细心珍藏，这些上乘的精美刺绣服装，在嘉绒藏族民间至今仍有收藏，同时也成为刺绣的最好的样本。上述服装样本，不仅图案精美，做工精细，针法技法尽显其中。后来嘉绒藏族刺绣的许多针法和技法，乃至图案都是从中摸索、借鉴而来的。其三是清中叶以后，从内地随迁到大、小金川的汉族妇女中，有不少是刺绣的行家里手，她们是刺绣的直接传播者，她们以以师带徒的方式，手把手地传授，从而使嘉绒藏族女性传承人深得刺绣真谛。迁徙到大、小金川等地的汉族，居住时间渐长后，通过对当地藏族的交往和交流，对藏族文化的认同感也增强，有的汉族还与当地藏族通婚，逐渐融合到藏族之中，其后代中的女性，多数都以学习刺绣为荣，成为嘉绒藏族中的“女红”高手。

促成嘉绒藏族刺绣成熟的另一个因素，是嘉绒藏族刺绣在一定程度上曾受到过羌绣的影响。之所以这样讲，在前面的分析中我们谈及羌绣的成熟时期较之嘉绒藏族的刺绣要早，而且刺绣水平也相对要高，在民间的普及率也较高。加之，嘉绒藏族与羌族紧邻而居，例如在理县、黑水、松潘等的藏羌走廊地带，藏羌交错杂居，藏羌文化在这些地方“你中有我，我中有你”的现象突显，尤其在服装、纺织等方面特别突出，在刺绣方面，亦是如此。此外，在历史上，嘉绒藏族与羌族之间相互通婚，倘若羌族女性嫁到嘉绒藏族家中，“女红”之技自然也就会随带而至，并在嘉绒藏族女性中传播开来。在清乾隆时期，平定两金川战役以后，清廷在嘉绒藏区推行屯政时，也曾在理县一带征集羌族屯兵到嘉绒藏区，这些羌族屯兵的家属后来也逐步随迁，这也是羌绣能传播到嘉绒藏区的又一条路径。当然，嘉绒藏族的刺绣也对羌绣会产生相应的影

嘉绒藏区民间珍藏的清代绣装

响，这在羌绣乃至羌族织造的花带图案中可以得到一些答案。例如羌绣和花带纺织中的十字符、拥忠符等吉祥图案，便是吸纳嘉绒藏族刺绣与纺织图案所致。

我们将嘉绒藏族刺绣的成熟时期判定在清中叶以后，还有两个缘由。一个缘由便是极具藏族特色的贴绣（又名堆绣）在嘉绒藏区传播的时间是比较晚的。在第一章中，我们对堆绣在西藏民间和在唐卡上的运用就有所阐述。堆绣在西藏，明代中后期已经盛行，但在其他藏区的发展时间要晚很多。青海热贡地区的堆绣唐卡在全国蒙藏地区都极负盛名，而且长盛不衰。究其传入时间也是清代以后的事了。据《热贡艺术》载："堆绣艺术主要分布在黄南藏族自治州同仁县五屯上庄、下庄、加查麻、霍尔加、年都乎、年都乎拉卡、郭麻日、尕沙日等村。其中，年都乎村从事堆绣的艺人最多，成就也最突出……自热贡艺人们接受来自西藏、汉地传入的雕塑和绘画技巧之后，从摸索到掌握，直到有了高度的技巧，并逐步形成自己的艺术风格。据当地著名土族画家更藏的研究，堆绣艺术传入青海藏区约有250年的历史"。也就是说堆绣技艺在青海的传承时间也恰好是清代乾隆时期，那么可据此推断，堆绣从青海传入嘉绒藏区的时间也就更晚一些了。第二个缘由是在嘉绒藏区的刺绣针法中，有一种针法在羌绣的针法中所没有的盘金绣。盘金绣不仅在蜀绣作品中可以见到，在其他绣种中也可以看到，它属于盘线绣中的一种技法。因为这种绣法所使用的主要绣线，均为价格昂贵的真金线，使绣品呈现出一种贵气，作为一般平民百姓是难于受用的，所以，往往在官服补子和有钱人家的服装中使用，同时也用于一些属于欣赏性的艺术刺绣作品中。在清代，有一些迁徙到大、小金川的汉族有钱人家，就曾携带有含有盘金绣技法在内的精美刺绣盛装，这些盛装后来成为嘉绒绣娘研习的极好的参照物。同时，一些迁入大、小金川精于蜀绣多种技法（包括盘金绣）的绣娘，把盘金绣技法带到迁徙地，并落地生根开花，使盘金绣成为嘉绒藏族织绣技艺中的一种基本技法。时至今日，我们在实地考察中，不仅从民间收藏的老服装中目睹了盘金绣的风采，而且在嘉绒藏族的绣娘中，也有熟练掌握盘金绣技法的人，国家级非物质文化遗产传承人杨华珍就是其中的一个。

嘉绒藏区民间珍藏的清代马褂绣装

嘉绒藏族纺织主要为
毛纺织麻纺织和
花带织造三种类型

第三章

嘉绒藏族传统织绣的基本技法

第一节 嘉绒藏族的纺织技法

嘉绒藏族纺织主要为毛纺织、麻纺织和花带织造三种类型。毛纺织的原料为羊毛，产品主要为毪子；麻纺织的原料为麻，主要产品为麻布；花带织造的原料有羊毛线、棉绒、丝线，现在还使用化纤线，所以产品有羊毛花带、棉花带、丝花带和化纤花带。

一、纺织毪子

纺织毪子主要通过以下工序和基本技法：一是纺毛成线，二是排线，三是上腰机进行织造，四是揉洗晾晒。

（一）纺毛成线

纺毛成线又可分为以下几道分工序：首先是选毛。羊毛一般有三种原色，一种是白色，一种是黑色，还有一种是近似骆驼毛的棕色。将这三种羊毛按照色类进行分选，自然首当其冲。一般而言，白色羊毛为大宗，多纺织用作衣料的毪子；黑色和棕色羊毛多织造用以作垫、盖用，抑或用以作百褶裙的毪子。此外还和白色羊毛配合，织造黑（棕）白色花带。其二是洗毛脱脂，洗毛脱脂一般有两个作用，一个作用是去除附在羊毛上的污物，另一个作用是去除油脂。洗净后的羊毛须进行晾晒，待干后再进行下一道分工序。其三是梳毛，梳毛一般有两种方法，一种是用手工直接分梳，这种方法最为原始，要使羊毛的蓬松程度达到纺线要求，较为费时。另一种方法是运用自

用梳毛器梳毛

吊羊毛线

制简易梳毛器进行梳松，用梳毛器梳松羊毛，既简便，又省时，效果好。这种梳毛器在嘉绒藏语中称“什英生效”。其四是纺毛线，在当地又叫“吊羊毛”。吊羊毛时需用两样工具，一样工具是用来装羊毛的竹篓或藤篓，嘉绒藏语叫“拉纳”，另一样工具便是由纺轮和缠线杆共同组成的吊线器（或叫“纺线器”），这种吊线器在嘉绒语中称之为“德布”。吊羊毛时，先用手向顺时针方向转动吊线器，然后双手牵动盛毛篓中的羊毛，并不断捻毛成线，待羊毛线吊到一定长度后，便将已吊好的线绕缠在吊线器的缠线杆上。如此周而复始。吊毛线的关键环节是在吊线器转动时，双手控制羊毛成线粗细的均匀程度。一般来讲，纺毛线有粗有细，粗毛线用以织造粗毯子，细毛线用以织造细毪子，羊毛线的粗细和均匀程度，完全取决于纺线者的手感掌控。其五是合线，纺成的单股毛线是不能直接上机织造毪子的，还需要将两根毛线合股为一。合股时吊线器需另换一根绕线杆，这根绕线杆和纺线用的绕线杆端头的卡口方向是相反的，合股的吊线器名叫“德朗布”，合股时需反时针方向转动吊线器。纺毛者在转动时，需保持两股相合的毛线的松紧一致，这样才能保证合出来的线绞合紧密。

（二）排线

排线是纺好的毛线在上机前的一道重要工序。排线时需用一种专门的排线器，当地人们称“牵杆”。牵杆的大小有两种，一种是用来织花带时排线的，较小一些；另一种是织毪子时排线用的，相对要大一些。当地人一般将大拇指和食指撑开，二者之间的距离为一卡。[1]在织毪子时，常用14卡的牵杆。通过排线，便可将整幅毪子的长度基本确定下来。排线器的两端中，下端是可以移动的，所以，需移动另一端，使其与上端之间的距离达到14卡，排线时，需顺排线器两端左右各绕一圈，如此，整个排出的线的长度便是卡数的4倍。若按一卡16厘米计，则所织毪子的长度应为9米左右。据当地艺人讲，一般做一件男性成人毪衫大约需要7斤左右的毛线，女性成年人毪衫大约需要6斤左右的毛线。所以，在确定织男性或女性毪衫后，即可称好相对重量的毛线，然后在排线器上排线。

（三）上机织造

嘉绒藏族使用的织机，与我国西南许多少数民族使用的织机一样，是传承千年的腰机。由于腰机结构简单，易于操作，使用又便捷，所以，在嘉绒藏区的藏族人家，户户有腰机，家家织毪子。织毪子的第一道分工序为将排好的线

[1] 一卡约为5寸，大约合16厘米。因为纺织者均为女性，手相对较男性要小一些。

上机，随后便开始织造。毪子的织法一般有两种，一种是织平纹毪子，另一种织斜纹毪子。织平纹毪子织法较简单，只需用一根提线杆和一根还线杆，一块分线板。当提线杆将纬线提起，即将分线板穿进去分线，再将还线杆向下还线，再将丢线棍插入（即带经线的梭杆）走经线，经线走完后，再插入带铁片的织刀，向怀内挤压，如此周而复始即是。织斜纹毪子较为复杂一些，需要一根提线杆和两根还线杆。织造时，提线杆在上先提线，之后即穿分线板，分线板穿入后，将处于下方位置的还线杆提起来，此时将织刀插入，往怀里挤压，之后再将丢线棍插入走经线；走完经线后，将处于中间位置的还线杆向下方压，又将丢线棍插入走经线，之后再把处于上面位置的提线杆也往下压，再穿分线板，并将织刀插入，往怀里挤压，如此周而复始即是。毪子的宽度，则是由织毪者根据所织毪子的用途，选用腰机上的夹子而定，如

织黑毪子

织好的毪子

果是织用作毪衫的毪子，那么用1.8尺宽的夹子；如果用作被子或披单，那么用2.4尺宽的夹子。

（四）揉洗晾晒

毪子织好下机后，需用带糟的咂酒浸泡，浸泡时间最短为一天，多则两三天。浸泡毕，便用手搓揉或光脚踩揉，一般多用光脚踩揉，一直踩到毪子发毛即可。用咂酒浸泡和用脚踩揉毪子的目的有三个，一是经咂酒浸泡后，可进一步清除羊毛的异味和消脂。二是用脚踩揉后，一方面使清除羊毛异味和消脂的效果更好，另一方面使毪子发毛后，更加柔软。三是使毛织物缩水定型。经踩揉后的毪子需用清水洗净，最后绷紧晾晒。

二、纺织麻布

纺织麻布的程序和基本技法大体与纺织毪子相同，但也有些差异。其差异主要体现在纺麻线的工序上。

织好的麻布

（一）用口撕麻

麻是一种植物，纺线用的是麻这种植物杆上的皮质纤维。麻成熟后，即进行收割晾晒，待干后，将麻秆上的皮剥下，整理成一束一束的麻皮。在纺线过程中，不仅需用左手理麻，右手进行捻搓，还需用口撕麻。口与手的配合是否默契，往往决定纺出的麻线是否粗细均匀，纺线的速度是否快捷。

（二）煮线漂洗

纺好的麻线颜色枯黄，为了使麻线变白，需进行加碱熬煮和漂洗。加碱熬煮的目的是使发黄的麻线褪色，传统做法是用灶灰制成的灶灰水，放在大锅里用火烧开，然后将挽好成团的麻线放入锅内熬煮，大约一小时后捞出，到河边捶洗，直到麻线团无浊水为止。之后，还要反复将漂洗后的麻线放在灶灰水锅中去熬煮，煮后又再漂洗，直至麻线变得洁白如雪为止。

三、织花带

织花带是嘉绒藏族纺织技艺中一个相对独立的技艺，它与织毪子、织麻布在技艺上有一定的共同之处，但其自身的特点又十分突出。

织花带与织毪子、织麻布的相同点主要在于所使用的排线器和腰机在结构上是相同的，排线和织造的技法大体相同。

（一）花带织造过程中的突出特点

1. 织花带所使用的原材料种类较多，除了使用黑白毛线外，还多用彩色的棉线、丝线，以及现在使用的彩色化纤线。

2. 花带的织造，因用途各异，故而长短宽窄也就各有所定。所织造的花带品种也就相对较多，如背儿带、腰带、靴带、呷乌带、经书带、围腰带、多用花带等。这里所谓的多用花带，是指幅面较宽，专门用来制作褡裢、单肩包、碗包的

织宽花带

材料。使用多用花带时，可以根据所要缝制的用品的尺寸进行裁剪。裁剪时，只能在长短上裁剪，而不能从宽窄上裁剪。换句话说，裁剪时，只能横经线裁剪，而不能顺经线裁剪，否则会破坏花带织造结构和图案整体效果。

3. 花带织造最突出的一个特点是，在织造时，其经线要数股数。最窄的花带的经线股数为5股，最宽的花带的经线股数为31股。每一股线需要多少根线来合成，由艺人视其花带的宽窄和用途类型来确定。合股线的线数大致以下几种：一是3根线合股，二是5根线合股，三是7根～8根线合股，四是10根线合股。其基本要求是，最少的股线不得少于3根线合股，最多的股线不得多于10根线合股。织造者在排线器上排线时，需根据所织花带的宽窄确定股数后，再根据每股线

黑水藏族妇女喜爱的花腰带

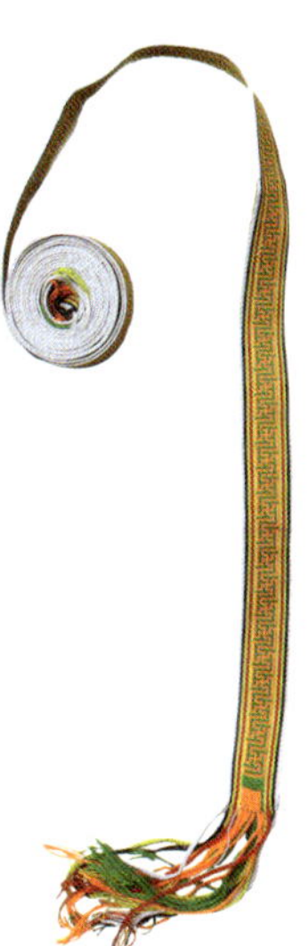

经书带

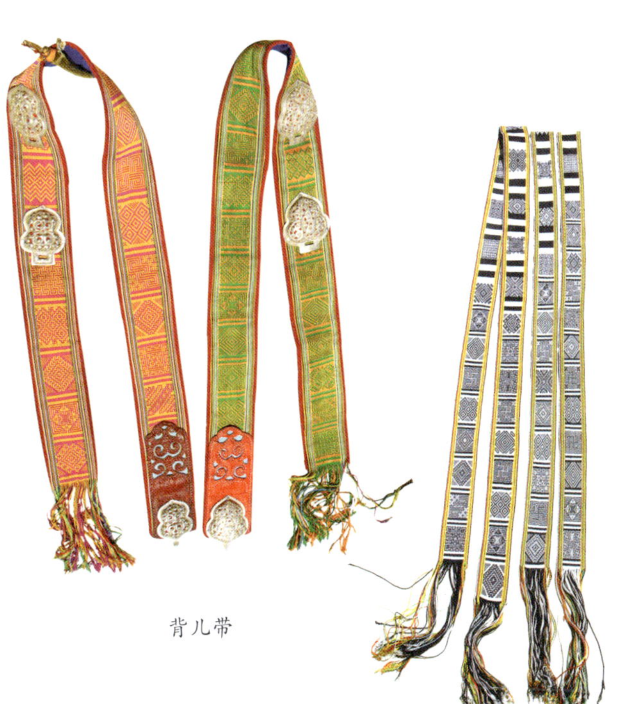

背儿带

藏靴带

黑白花腰带图案

黑白花腰带

所需的线数来排线。这是绝对不能有错的。艺人在织造时，股线的提压必须根据花带的图案要求来进行。提线杆、还线杆、分线板的走势，需由艺人用手理顺各股线的挑起或下压时有条不紊地操作提线杆、还线杆和分线板，如此，才能充分保证花带图案的完美成形。花带的每一个图案成形时有两个基本要求，一是正反两面成图，二是图案正反两面互为底色。正反两面成图的基本保证就是前面所讲的，完全靠织造者根据图形走势，熟练、准确地操控提线杆、还线杆、分线板来实现。为保证图案正反两面互为底色，其关键是，在花带织造时，凡有图案的地方（无论是边图或主图），织造时都需用两色合股线来实现。例如，所织造的腰带的主图部分使用黑、白两色股线，若正面的图案为黑色，底色为白色，则反面恰好相反，图案为白色，底色为黑色。双面成图互为底色，是嘉绒藏族织造花带最突出的特色之一。所以，当地藏族在使用腰带时，十分方便，无须分面里。

嘉绒藏族花带的织造，与内地的手工织锦工艺的原理基本相同，只不过工具原始，织法古朴而已。从某种意义上讲，这种花带实际上就是一种土织锦。

4. 嘉绒藏族在织造腰带时，与织造其他花带时有一个明显的区别。这个区别便是在腰带的两端，各有一个图案，这个图案在当地汉语中称作“腰坠”，在嘉绒语中，由于语言的差异性所致，各地的叫法不一样，如在马尔康，当地藏族称之为“岗木扎”；在黑水，当地藏族称之为“卡卡”。腰坠与腰带上的其他图案明显不同，其突出特征表现在以下两个方面。一是在外形和功能上。在腰带两端都绣有腰坠，在外形上腰坠明显要比腰带上的图案稍大一些且呈方形，在其下部两边还飘出了5股～6股经线，并编成辫状下垂，以作匹配。最精美的腰带可连续绣出二个或三个腰坠，并相互连接。无论男性或女性在系腰带时，都要将腰坠和穗形尾线吊在腰后，极具装饰效果。特别是在节日或其他欢庆盛典时，腰坠及穗状尾线不停晃动，好像游鱼一般，格外勾人目光。二是腰坠的图案不是织的，是绣出来的。之所以这样讲，其理由有二，一为黑水藏族将腰坠的制作方法称之为“嘿卡卡阿夏”，“嘿”意为针，“嘿卡卡阿夏”意为用针来绣腰坠。笔者在调查中，亲

带腰坠的花带

① ② ③

①-③ 嘉绒藏族花腰带上的腰坠图案

眼目睹了其用针来完成腰坠的绣制过程。二为经笔者所见其绣法，对照蜀绣针法进行比较，与蜀绣中缠绕针类中的包梗绣针法相同。在嘉绒藏区，这种针法一般叫做包经绣。由此可以说，嘉绒藏族腰带的制作还不仅仅是织造，而是集织和绣为一体的作品。

特别值得一提的是，有一种在黑水一带较为流行的腰带，这种腰带为女性专用。在外形上特别别致，情趣横生。在贴近腰部部位，横向由6个腰坠组成，两端的系带与腰坠相连，很窄、也较短，主要是用以在腰间系紧腰带用，这一部分为织造，其余的6个腰坠均为刺绣而成。在6个腰坠之间的5个间隔，均由5至7根股线横向绣成条纹下垂，在腰坠的下方，再绣成5个小腰坠，小腰坠以下便成穗状彩线及至脚踝部位，仿佛为倒垂的青稞穗。女性系此腰带时，往往系在身后，十分艳丽。这样的腰

④

⑤

⑥

④-⑥嘉绒藏族花腰带上的腰坠图案

带，所有大小11个腰坠均系用包经绣绣成。腰坠与腰坠之间的间隔还有一种针法，那就是刺绣中最古老的辫针绣中的闭口锁绣。

5. 前已叙及，纺织毪子和麻布，都是单色的。织花带，顾名思义，至少是由两种或两种以上的色线织成。据调查，在嘉绒藏区，曾经有一种用黑色和白色羊毛线织造的双色花带，其历史不但悠久，而且显得格外清纯古朴。这种花带可能就是嘉绒藏族花带织造的最古老的形式，现在已经很难看到这种作品了。除此而外，所有的花带都是多色的，多色花带的颜色一般都在6种～8种之间。

嘉绒藏族纺织所常用的传统色彩与其他藏区常用色彩是基本一致的，或者说嘉绒藏族的色彩观与其他藏区的藏族色彩观是统一的，其基本色为红、黄、蓝、绿、黑、白6大色。在花带织造的过程中，由于棉线

经书花带图案

带腰坠的花带图案

或丝线均来自于内地，所以在色线的选择上，既考虑了本民族的色彩观，又照顾到内地色线的来源，为使其达到两者间和谐和统一，在红色上选择了大红、橘红、玫瑰红等，在黄色上，选择了橙黄、金黄等，在蓝色上，选择了深蓝、靛蓝、玉蓝等，在绿色上，还选择了草绿、麦绿，等等。

（二）花带图案

花带的图案由于受织机的局限，故多呈几何图案。这种几何图案没有弧线转折，全是角转。花带图案主要由带边图案与中心主体几何图案构成。

1. 带边图案

花带的图案大致可以分为两类，一类是带边图案，是辅助图案。另一类是主体图案，或称中心图案。带边图案分布于花带的两边，一般呈一字形排开，直达花带两端，其主要图案为一字形、万字形、回纹形、山字形、“拥忠”连纹形等。其中一字形，应是最古老的绳纹具体表征。

2. 中心主体几何图案

花带两边的带边图案之间为图案的中心图案。据艺人讲，中心图案大约有几十种，每个艺人所能熟练掌握并能织造成形的图案是不完全相同的，而且有许多图案的名称已经失传，只是能织造出图案而已。经多方调查，目前能说出名称的图案主要有十字纹、“拥忠”纹、金刚橛纹、蜂窝纹、吉祥结纹、马蹄纹、花瓣纹、四角纹、长寿纹等。这些基本图案，在藏式地毯、藏式建筑装饰、藏传绘画中都是常用的图案。

在花带的织造过程中，中心图案都是平行排列的，一根花带的中心图案是由多个方形或矩形分图案组成的。分图案是以花带长的中线往两端对称排列的。

花带中心图案中的分图案，有三种织法，一种是以单个基本图案为单位，进行织造；另一种是由两个以上不同的图案组合在一起，进行织造；还有一种是若干个相同的基本图案组合在一起，进行织造。分图案的繁与简，以及每根花带在织造中所使用的图形的多与少，多与艺人的技艺水平和熟练程度有关。

背儿带图案

藏靴带图案

四、纺织工具

（一）纺线工具

纺线主要指纺毛线和麻线。其中纺毛线要多两样小工具，一是梳毛器，二是纺线时装毛用的竹篓或藤篓。纺线时纺毛线和麻线的工具完全相同：一是纺轮。在古代遗址中，出土有陶纺轮、骨纺轮、石纺轮等，现在多为木纺轮，但也有用洋芋、圆根等用来作临时纺轮的。二是缠线杆。缠线杆与纺轮共同组合成吊线器（或称纺线器）。缠线杆有两种，一种是纺线时用的缠线杆，另一种是合线时用的缠线杆。二者之间的区别在缠线杆上端所开的岔口上的方向正好相反。

（二）织造工具

1. 排线器

排线器又称绕线器、分线器、牵线器，是织造时上机前的一个辅助工具，其结构十分简单，但又是十分必要的工具。织毪子和织麻布的排线器的基本结构是相同的，只是织毪子和织麻布时，长度一般都在9米以上，所以经线的长度就长，排线器也自然要宽大一些。

排线器由一根纵向的板形中杆、两根或三根横向的板形横杆、三至四根并排固定在中杆上的小木棒组成。上端的板形横杆与中杆垂直固定，呈十字形，下端的两根板形横杆也与中杆呈十字形，但是这两根板形横杆是不固定的，可以上下移动，以调节排线器的卡数。

2. 腰机

又名踞织机，是纺织机具中最古老的机型。织毪子和麻布的腰机与织花带的腰机结构也是完全相同的，只是大小不同而已。

带纺轮的缠线杆

排线器

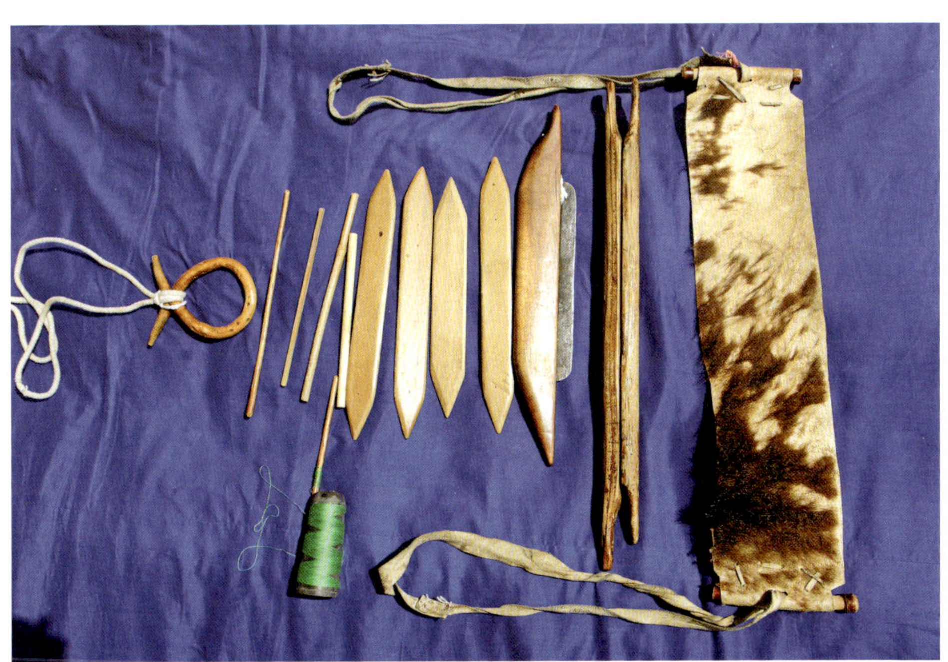

完整的腰机部件

腰机主要由以下部件组成：

（1）鼻圈：在马尔康嘉绒藏语中称“西纳格”。其形状与套牛的鼻圈完全相同，故名。其作用是一端用绳与固定物相连，起到稳定作用，圈内则套经线，起牵线作用。

（2）分线杆：在马尔康嘉绒藏语中称“基纳”。一般由三至四根圆形小木棍组成，在织造时，起到提线和还线的作用。

（3）隔线板：在马尔康嘉绒藏语中称“可尔扎”。一般由三至四块两头呈角状的木片组成，使用时单个使用，起到分线压线的作用。

（4）织刀：在马尔康嘉绒藏语中称“先木卡”。两端呈尖形，中间镶嵌一块稍短的刀形铁片，主要用来压紧已织的线。据调查，早期的织刀选用硬杂木，削制成刀形即可使用。

（5）压线板：在马尔康嘉绒藏语中称“达且”。由两根木条组成，一根木条中间凿成槽，一根木条中间做成榫。两根木条并拢即可相互咬合。主要用来压经线。在织造时，充分利用腰机端头的鼻圈和端尾的压线板，织造者就可以将上机的经线悬空，以便操作。压线板的两端呈尖状，与系带上的套绳相连。

（6）线梭子：马尔康嘉绒藏语称“代格鲁”。用小圆木棍制作，上面绕纬线，在织造过程中用来穿纬线。

（7）系带：在马尔康嘉绒藏语中称“格习土”。多用牛皮或兽皮制作，呈带状，宽约13厘米，长约60厘米。两端迭合缝成管状，然后插入木棍，在插入的木棍中间部位的系带上穿孔，并将套绳穿入。织造者上机时，选好适当位置坐定后，即将系带系在腰上，然后将双端的套绳套住压线板。

第二节　嘉绒藏族的传统刺绣

一、嘉绒藏族刺绣的基本类型

刺绣，在嘉绒藏区民间习惯上称挑花刺绣，也即是说，把刺绣习惯上划分为两个类型，一类称挑花，另一类称刺绣。挑花专指依循绣布（主要是指棉布料或麻布料）的经纬来下针的一种绣法。换句话说，用不着在绣布上画样或贴样，只要有参照图样，就可以在绣布上通过数纱的办法，任意放大或缩小，在绣布上绣出图案。前面已提及，挑花明代以来就在四川盆地盛行，一直以来，嘉绒藏族的挑花都受此影响，故而名称也一直沿袭蜀绣的叫法，称之为挑花或挑花绣。其原因有二，一是“挑花的实用性很强，这是因为挑花行针浮线短，不挂丝，还增强了服装的耐磨程度，因此民间挑花不仅能装饰织物，还具有保护织物不被磨损的功能”。[1]二是该针法较之其他针法易于掌握，只要有样，并正确把握数纱的要领，就能“依样画葫芦”。所以，挑花在嘉绒藏族民间十分流行。在嘉绒藏区民间所称的刺绣，泛指除挑花以外的其他所有针法的刺绣。其传统做法是，在刺绣过程中，一般而言，在一件绣品上，往往集多种针法为一体，这就需要在面料上事先打样。打样的方法有两种，一种是直接在面料上放线打样。这种打样法多为所绣图案比较简单，而且艺人也较熟悉这种图案，只要在布料上打出关键线样即可。另一种则需在纸上画好图案，然后剪贴在面料相关位置上，按图样刺绣。

[1] 赵敏．中国蜀绣［M］．四川：四川科学技术出版社，2011．77.

如果系几何图样，也有将图样剪成剪纸图样，再贴在面料上施针。但也有在一件绣品上，只需行一种针法的图案。其打样方法究竟采用哪一种，也需根据图案的繁简和艺人的熟练程度而确定具体的打样方法。

嘉绒藏族刺绣的基本类型如下：

（一）挑花类

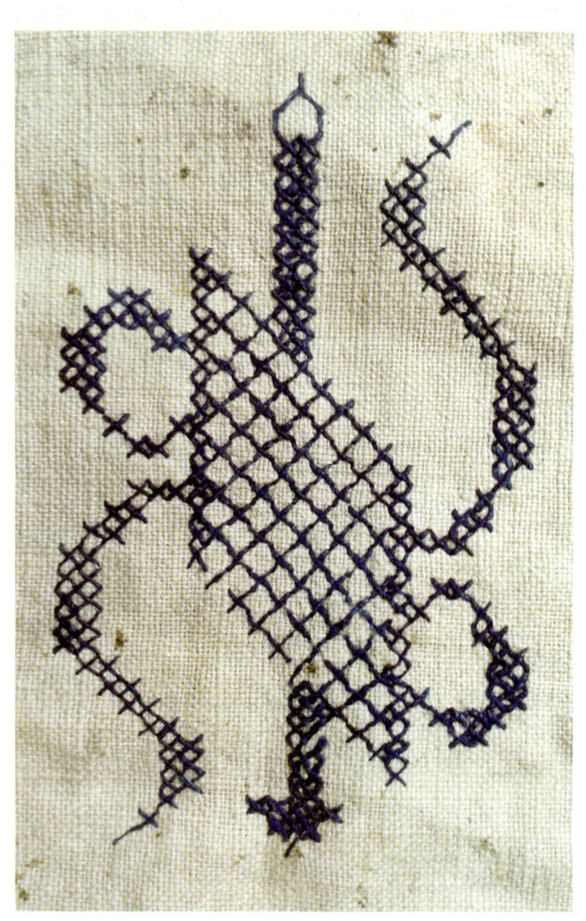
十字挑花

1．十字挑花：又叫“十字绣”，是挑花的一种技法，是广泛应用于民间的一种传统技艺，其基本做法是“按面料的经纬每3根～4根纱拉一对角线，每两针架成一个斜十字……通常先挑一个方向的某一行，到头后返回搭十字，此种针法正面都是十字，反面都是直针”。[1]在一件绣品中，往往由边花、角花和团花三种纹样组成，其中团花是最为精彩的部分，也最能体现十字挑花的精髓和艺人的高超技能与丰富的想象力。十字挑花最突出的特点是：针法简单、严谨，纹样图案性强、设色明快。

[1] 赵敏．中国蜀绣［M］．四川：四川科学技术出版社，2011．78.

撇 花

2. 撇花：主要在棉布上施针。施针时与十字绣一样需要根据面料上的经纬线数纱，其要诀为“挑里看面”，具体操作时，“针脚顺着底布的经纱方向或者纬线方向入针和出针，绣线也随之沿着经（纬）纱线布置。撇花的特征是利用正面针脚显出挑绣花纹，而丢空部分露出底布，这样在布面的正面是阳纹——白地黑花；反面的反纹与正面相反；正面的绣花部分在反面丢空露底；正面的丢空部分绣线沉于反面，形成‘里子针脚’在反面绣出花纹，这样在反面就显出和正面相反的花纹，反面是阴纹——黑地白花”。[1]撇花最大的特点是“双面成图”，并且看不到线头和线尾的结头疙瘩。技艺娴熟的艺人在撇花时，已经在心中打好腹稿，所以在面料上只需确定图案的具体方位后，即可行针。

[1] 赵敏. 中国蜀绣［M］. 四川：四川科学技术出版社，2011. 79—80.

（二）刺绣类

1．接针绣：在蜀绣中称之为“倒退针”，是表现直线绣纹的针法。“普通的接针为刺绣时后针回刺到前针出针处，将线刺破而入，使线迹连接。接针的特点是线迹直挺平顺，既可绣直线的线条，也可绣曲线的线条，绣直线线条时针脚可以较长，绣弯曲线条时针脚必须较短”。[1] 该技法简单易掌握，初学者均以此入门。主要绣花草、动物等。

接针绣（蝴蝶须）

2．包经绣：属于缠绕类针法，该针法运用了织布的方法，把经线排好，用带针的线作为纬线，根据设计好的花样，以不同的色线在经线

［1］赵敏．中国蜀绣［M］．四川：四川科学技术出版社，2011．42．

上缠绕穿插形成纹样。在嘉绒藏族刺绣中，多在织造腰带过程中绣制腰坠时使用，是一种独特的刺绣手法。腰坠呈四方形，由若干合股经线组成。这些合股经线便相当于已绣出的经线，根据腰坠上应绣图案的要求，以不同的色线在合股经线上缠绕。

包经绣

3. 辫针绣：一般又称之为锁针，该针法是我国刺绣中最古老的针法之一，属于缠绕类针法。辫针绣的绣法“以双数入针，单数出针，出针时将线压在针后，形成环线，出针后将线拉紧，本次形成的圈环就与上一个圈环套住形成锁链”。[1]辫针法具有绣纹的装饰性强，富有立体感，缝线紧密，结实耐用的特点。

[1] 赵敏. 中国蜀绣 [M]. 四川：四川科学技术出版社，2011. 62.

辫针绣

4. 钮绣：又名“滚针绣”或“牵针绣”，其针法多采用压线法，多用于绣品中走细线的部分，如藤蔓植物，以及植物的茎、叶脉等。钮绣又根据走线的粗细，分为粗钮和细钮。其特点是针针紧靠，结合紧密，绣线形成的线迹如绳索。行针时，“进出针与纹样线条相交成15°—30°的角，每一针的进针点和出针点要紧靠上一针的进针点和出针点，依次按照纹样的走向绣”。[1]

[1] 四川省劳务开发暨农民工工作领导小组办公室、阿坝藏族羌族自治州劳务开发暨农民工工作领导小组办公室. 羌绣——职业技能培训教材［M］. 四川：四川民族出版社，2012. 44.

钮 绣

5. 钩绣：钩绣又称“链子扣”，系由缠绕针类辫子针演化而来的针法。“它以环环相扣的形式表达线条，勾勒出纹样的轮廓，留白处不再用色彩填充，线条流畅，纹样清爽素雅”。[1]形如衣服扣眼锁边针

钩 绣

［1］ 四川省劳务开发暨农民工工作领导小组办公室、阿坝藏族羌族自治州劳务开发暨农民工工作领导小组办公室. 羌绣——职业技能培训教材［M］. 四川：四川民族出版社，2012. 51.

法，每走一线，必须迴转成一个圈，该针法多用于绣花鸟图形。

6. 齐针绣：是绣平面针法中古老而又基本的绣法之一。因其针法构成的线条排列整齐而又均匀，故名。“绣时，起针落针都要落在放样的外沿，正好将放样盖住；线条排列要一条条均匀，不能重叠，不能露底，力求整齐，疏密得当，由此铺成平、匀、齐、密的绣面。按照线条丝理的排列，齐针可以组成直排、横排、斜排三种形式，俗称直缠、横缠、斜缠针”。[1] 齐针绣的特点是绣片光亮平整，放样边缘轮廓清晰整齐。

齐针绣

[1] 林锡旦．中国传统刺绣［M］．北京：人民美术出版社，2005．90．

堆贴绣

7. 堆贴绣：又称“剪贴绣”或“补花绣”，“包括‘贴绣’、‘堆绫绣’、‘堆绣’等多种技法。浮雕感是剪贴绣的主要特点。由于选用的剪贴材料不同，绣品的立体感也有差异。基本绣法是，先按图案要求剪贴花布并将其贴附于面料上，也可在花布与面料间衬垫软纤维，然后锁边固定”。[1]堆贴绣在我国藏族地区较为盛行，它不仅在民间用于服装的装饰绣法，而且在藏传佛教中用以绣制唐卡。

8. 盘金绣：盘金绣系包金绣法中的一种类型。盘金绣所用的线料为纯金丝，并辅以丝线。多用于唐卡刺绣和盛装装饰图案部分。其基本步骤是：先在布质或丝绸面料上放实样，然后用专制的金属镊子夹住金线，按图盘绕。盘绕一段，即用细丝线将盘绕好的金线垂直钉住，钉线时针法要求极其细腻，尽量避免

[1] 李友友. 民间刺绣[M]. 北京：中国轻工业出版社，2006. 8—9.

盘金绣

影响盘金表面。如此，直至到盘金完全结束。盘金绣有点缀式盘金和全盘金之分，点缀式盘金绣多与其他绣法在同一绣品上合用。全盘金绣主要用于唐卡的绣制。

9. 插针绣：又名“扎绒绣”，或称“扎花”。插针绣所使用的针十分特殊，其穿针孔在针尖处，执针方式也与其他针的执针方式不一样。行针时，针与面料垂

插针绣

直，在图样线内走满针，即一针挨着一针地上下来回密集扎针。这种针法将绣线簇入面料，如此，面料上便起出了致密的线圈。

10．打籽绣：属于缠绕针绣法，其绣法是出针时，将线在针上绕几圈，选择紧挨着出针点的位置为入针点，将针钉进去，入针时拉紧绕在针上的线，一个小籽就形成了。根据绕线圈数、线圈松紧的不同，可出现效果不同的籽，是一种可以呈现图案立体感的刺绣手法，在嘉绒藏族刺绣中，常用于绣制花蕊。

打籽绣

11．拉锁子绣：在蜀绣中属缠绕针绣法，又称“绕绕针”，刺绣时同时使用两条线，一条线在布面绕出线圈，另一条线用来将线圈钉结固定。

拉锁子绣

掺针绣

12. 掺针绣：是为了形成颜色的混合和过渡而产生的一种技法。又叫“长短针”、“二二针”。“它的特点是一针长、一针短的两针为一个循环，针脚错开排列，后一层针脚起于前一层针脚之间，使绣线以一定长度晕出绣面，二二针边口不齐，线迹长短自由，可随纹样特点随意调整线迹长短”。[1]该针法常用于表现花卉、人物等。

乱针绣

以上12种针法，属于嘉绒藏族的传统刺绣针法。此外还有一种最近五年才从苏绣中引进的刺绣针法，名叫“乱针绣”。这种针法是近代以来苏绣中的一种创新技法，由于该技法的创始人为杨守玉，所以初名“杨绣”，也有称为“锦纹绣”的，乱针绣是杨守玉本人根据该绣法的特点而命名的。这种绣法后来也被蜀绣所借鉴。“这种针法是不规则地

[1] 赵敏. 中国蜀绣［M］. 四川：四川科学技术出版社，2011. 50.

用针用线，用长短色线交叉重叠形成，先以混合色线为底，再交叉重叠其他色线，根据底色来调和，交叉重叠次数不限，直到形似为止”。[1]“油画传神籍乱针”，十分贴切地隐示出乱针绣重在色彩光线的表达的特点。近年来，藏族编织、挑花刺绣国家级代表性名录项目传承人杨华珍，又将其引入到嘉绒藏族刺绣之中，作品多反映阿坝藏族羌族地区的自然风光人文景观，取得了良好成效。

二、嘉绒藏族刺绣的图案

（一）嘉绒藏族刺绣图案的来源

嘉绒藏族刺绣图案沉积着数千年的历史文化积淀。追溯起来大致有以下三种来源：

1．古老的本土遗存

大渡河流域地区是嘉绒藏族的核心分布地区，这一地域也是嘉绒藏族先民的重要休养生息地。从已经经过考古发掘的新石器时代遗址和秦汉时期遗址中，出土过不少的陶器。这些出土陶器根据其使用功能和审美情趣，不仅器形的造型十分丰富，极具特色，而且在器形表面，留下了嘉绒藏族先民充满想象的艺术表达，这种表达是通过陶器表面的各种纹样来体现的。据《四川马尔康县哈休遗址2006年的试掘》介绍，该遗址出土陶器表面的纹饰有附加堆纹、绳纹、线纹、鸡冠状錾、凹弦纹、宽瓦棱纹、蓝纹等。又据《丹巴中路乡举额依遗址发掘简报》中所披露的陶器表面放样主要有粗绳纹、细绳纹、附加堆纹、戳印纹、乳钉纹、刻划纹、鸡冠状錾等。这些纹样在今天看来，虽然极其简单、平淡，但它却为嘉绒藏区的图像艺术奠定了最基本的基础，并成为嘉绒藏区刺绣图案发展的源泉，直到今天，我们仍能从嘉绒藏族的刺绣中找到上述古老遗存的影子。

[1] 赵敏．中国蜀绣［M］．四川：四川科学技术出版社，2011．74．

小金县结斯村妇女盛装

2. 西藏传统图案的继承

自公元7世纪吐蕃东渐，其势力范围达大渡河流域地区以来，及至公元13世纪的数百年间，嘉绒藏区的土著先民在吐蕃的政治统治和文化渗透下，逐渐被同化并融合于藏族之中，西藏的传统文化逐渐被嘉绒藏族吸纳，藏族"五明"文化中的"工巧明"在嘉绒藏族的刺绣中也得到应用。前面已叙及，在嘉绒藏族的花带织造中，如拥忠、金刚橛、吉祥结、山字纹、蜂窝纹、马蹄纹、长寿纹等，在刺绣中也以图案形式出现。此外，在堆贴绣中，直接利用唐卡绘画图案进行刺绣，更是继承西藏传统图案的典型代表。

3. 内地刺绣和邻近民族的刺绣图案的移植

内地刺绣图案的移入主要来自蜀绣，同时也包括少量京绣和苏绣作品的图案。邻近民族的刺绣主要是指羌绣。

民间珍藏的清代刺绣围腰

嘉绒少女刺绣包裙（齐针绣、钩绣）

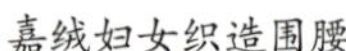
嘉绒妇女织造围腰

嘉绒女性百褶裙上的刺绣

嘉绒男式灯笼裤上的贴绣

嘉绒藏族刺绣图案的来源是随着嘉绒藏族刺绣的发展和技法的不断充实，在其具体作品中以两种形态出现。一种形态是融汇型的，也即是说，在一件绣品中，通过艺人自己的理解，将上述三种或是两种来源糅合在一起，并将所熟悉的当地的一些动植物，按照绣法和作品的需求，进行适合纹样的处理，创造出具有本土特色的图案。另一种形态则是原型的，这种原型的绣品，多为临摹之作。即是将移入的绣品作样本，对临绣成。

（二）嘉绒藏族刺绣的基本图案

嘉绒藏族刺绣的基本图案大致可分为植物类、动物类、纹样类和其他类四种类型。

1．植物类：植物类图案又分为两种，一种系生长在当地的人们所熟悉的植物，诸如羊角花、菊花、石榴花、金爪、桃花、吊吊花、向日葵、青稞穗、麦穗以及藤蔓植物等，另一种系从内地绣品中移植过来的植物，如牡丹花、梅花等。

2．动物类：动物类图案也分两种，一种为当地人们熟知的羊、马、蝴蝶、猫、喜鹊、牛、鱼等，另一种为内地绣品中移入的龙、麒麟、凤凰、蝙蝠、狮子等。

3．纹样类：纹样类是嘉绒藏族刺绣中的辅助图案，一般为绣品边框的装饰图案，主要有水波纹、万字纹、菱形纹、串珠纹、云纹、山字纹、马蹄纹、十字纹、长寿纹等。

4．其他类：此类图案较为复杂，它包括一些生产生活器皿，如花瓶、桌子、茶几、花盆、灯笼等，也包括一些人物。我们在民间考察时，看见个别家庭中收藏的老服装中，还刺绣有折子戏的人物表演场景。还包括堆贴绣中的佛和菩萨、神等。

（三）嘉绒藏族刺绣的色彩

嘉绒藏族刺绣的色彩观与藏族的色彩观是一致的，与藏传绘画一样，所常用的色彩主要为红、黄、蓝、白、黑、绿六种颜色，这六种基本色都各有其内涵和象征意义。在遵循藏族自身的色彩观的基础上，嘉绒藏族刺绣作为世俗性和实用性较强的一种工艺，为遵循刺绣的基本规律，除黑、白二色外，根据图案配色要求，对红、黄、蓝、绿四色都分别采用了渐变色，其目的是为了使绣品的色彩搭配更协调、更合理。

总体而言，嘉绒藏族刺绣图案在色彩的运用上有对比度强烈、色彩明快、图案绚丽鲜艳的特点。

（四）嘉绒藏族刺绣的工具及材料

1. 嘉绒藏族刺绣的工具

嘉绒藏族刺绣的工具与羌族一样都比较简单，而且在不同的时代，工具也有一定的变化。根据我们的实地调查，嘉绒藏族刺绣在早期（清代及清代以前），基本工具仅有各种规格的针、尺子、弹线包（与裁缝用的弹线包相同）、顶针、剪刀。嘉绒藏族刺绣时多采用软绣，即在刺绣时，不用绷子绷面料。随着时代的发展，有的地方也开始在绣头帕时，采用方形绷子。2010年，我们在马尔康考察时，就曾看到一位女艺人在绣头帕时，使用本地较为传统的木制方绷。而在现在，在刺绣一些工艺品时，由于图案较为复杂，运用的针法也较多，所以也开始使用架子绷。

嘉绒妇女几何图案型头帕图

嘉绒妇女几何图案型头帕图

嘉绒妇女几何图案型头帕图

嘉绒妇女几何图案型头帕图

嘉绒妇女几何图案型头帕图

嘉绒妇女几何图案型头帕图

嘉绒妇女十字绣头帕图

嘉绒妇女十字绣头帕图

嘉绒妇女花卉型头帕图

嘉绒妇女花卉型头帕图

2. 嘉绒藏族刺绣的材料

嘉绒藏族刺绣的材料主要为线类和面料类两大材料。线类材料主要有各种颜色的丝线、棉线和化纤线。丝线和棉线为传统用线，化纤线是近些年来才时兴的新材料。面料类材料有丝绸、棉布、麻布，乃至毡子。

保护为主　抢救第一

合理利用　传承发展

是我国非物质文化遗产保护工作的

指导方针

第四章

嘉绒藏族传统织绣的保护与发展

“保护为主，抢救第一，合理利用，传承发展”是我国非物质文化遗产保护工作的指导方针。围绕这个方针，在具体保护过程中，经过不断实践和探索，在保护方式上，目前广泛推行的保护方式有抢救性保护、生产性保护和整体性保护三大保护方式，除此而外，还有展示性保护和数字化保护等保护方式。抢救性保护适用于所有非物质文化遗产类别项目，尤其是在非物质文化遗产保护工作开展初期，抢救性保护显得尤为重要。对于濒危的非物质文化遗产，抢救性保护则为第一要务。生产性保护的范围则一般是指在传统技艺、传统美术和传统医药药物泡制类，并具有生产性质和市场运作行为的非物质文化遗产名录项目。整体性保护主要在已确立的“文化生态保护区”建设过程中实施。它包含两层含义，一是保护文化遗产的完整性，即是指以非物质文化遗产为主体，及其与非物质文化遗产相关的物质文化遗产。二是保护文化遗产所处的自然环境和文化胜境。具体而言，整体性保护是一个综合性的保护方式。嘉绒藏族织绣的保护，从保护方式上而言，主要应加强抢救性保护和生产性保护。从保护主体而言，传承主体是保护的核心要素。

第一节　嘉绒藏族传统织绣的抢救性保护

一、抢救性保护现状

（一）抢救性保护所取得的成果

20世纪50年代中华人民共和国成立初期，国家就曾组织专家对阿坝藏族羌族自治州（以下简称阿坝州）的民族文化遗产进行了调查研究、收集资料的工作。20世纪80年代，改革开放初期，国家又组织了相关专家对阿坝州的民族文化遗产进行了调查。从20世纪80年代到20世纪90年代，根据文化部、国家民委、中国文联等部门的有关指示精神，阿坝州积极、认真开展了“十大集成”的调研和编写工作，“组织集中了一批文化艺术人才，对民族民间文化遗产进行了搜集整理，多年来，这支文化专业队伍走遍了牧区、山寨，做了大量艰苦细致的工作，使这一项工程浩大、内容繁杂的文化艺术集成基本完成，使许多濒于消亡的民族民间艺术得到了拯救。这些集成志书是各县《民间故事集成》《民间歌谣集成》《民间谚语集成》；全州《民间音乐集成》《民间舞蹈集成》《曲艺音乐集成》《藏戏志》；已送和待送国家卷和省卷的《羌族民间故事》《藏族民间故事》”。[1]虽然，阿坝州的民族民间文化遗产的抢救与保护工作自20世纪50年代以来，直到20世纪末的近半个世纪中，除“文化大革命”10年外，一直常抓不懈，但主要保护方向都在文化艺术方面，而作为传统技艺和传统美术等类的民族民间文化遗产，却“养在

[1] 阿坝州文化志编纂委员会. 阿坝藏族羌族自治州文化志［M］. 阿新出内（2012）字第25号，2012. 187.

深闺人未识”，依然沉积在民间“自生自灭”。

非物质文化遗产的抢救与保护在我国形成高潮，是与21世纪初我国积极参与和响应国际非物质文化遗产保护工作密切相关的。2003年10月17日，在联合国教科文组织第32届大会上通过了《保护非物质文化遗产公约》，使世界各民族的非物质文化遗产获得国际公约的保护。2004年4月8日，文化部、财政部联合发出《关于实施中国民族民间文化保护工程的通知》，并制定了《中国民族民间文化保护工程实施方案》，以确保该项工程的科学实施。我国政府充分认识到在当代条件下，在现代化进程中抢救和保护民族民间文化的重要性，于2004年8月28日，在第十届全国人大常委会第十一次会议上，表决通过了中国政府正式加入联合国教科文组织《保护非物质文化遗产公约》的批准决定。至此，全国范围自上而下的非物质文化遗产抢救与保护，普查与申报工作全面展开。

阿坝州的非物质文化遗产的抢救与保护工作也于2004年同步开展。“2004年7月下旬，四川省文化厅和财政厅下发《关于实施四川省民族民间文化保护工作的通知》。同年，阿坝州开始正式试点民族民间文化保护工程……2005年1月20日，州文化局、州财政局向人民政府呈报《关于报送〈阿坝州民族民间文化遗产保护工程实施方案〉的报告》，同年4月5日，州人民政府第27次常务会议对《报告》进行了审议，原则同意该实施方案。据此，阿坝州非物质文化遗产保护工作正式开始启动”。[1]为确保阿坝州非物质文化遗产保护工程的顺利实施，充分发挥政府主导的职能，2006年8月1日，阿坝州人民政府发出通知，成立阿坝州文化遗产保护领导小组，各县也相继成立相应的领导小组。在阿坝州州、县两级文化遗产保护领导小组的领导下，在抓紧抓好普查工作的基础上，经申报、审查，各县批准并公布了首批县级非物质文化遗产名录，阿坝州批准并公布了首批州级非物质文化遗产名录。应当说从这个时候起，传承数千年，且与嘉绒藏族生产生活息息相关的嘉绒藏族织绣，在非物质文化遗产的抢救与保护中，才得到了重视。

[1] 阿坝州文化志编纂委员会. 阿坝藏族羌族自治州文化志[M]. 阿新出内（2012）字第25号，2012. 190.

例如在首批公布的阿坝州州级非物质文化遗产名录中，小金县文化体育局申报的“挑花、刺绣”和“编织工艺”，金川县文化体育局申报的“编织技艺”名列其中。之后，阿坝州又相继公布了县级和州级非物质文化遗产项目代表性传承人，其中嘉绒藏族织绣的首批县级代表性传承人共计为10人，首批州级代表性传承人3人。

不幸的是，2008年5月12日汶川发生特大地震，使阿坝州文化遗产的保护遭到重创，嘉绒藏族织绣与其他非物质文化遗产一样，所依存的生态环境和文化空间发生了一定的改变，传统的传承机制受到了阻滞。党和国家十分重视地震灾区的恢复重建工作。国务院发布了《汶川地震灾后恢复重建条例》和《关于支持汶川地震灾后恢复重建政策措施的意见》，紧急启动了抗震救灾、恢复重建的各项工作，同时号召全国各族人民以实际行动支援灾区的抗震救灾和恢复重建。灾区的文化遗产保护工作，也在恢复重建中有计划、有条不紊地开展。阿坝州还对除羌族文化生态保护区以外的其他重灾区受损的非物质文化遗产也作了相应的抢救保护部署。同时，努力使全州非物质文化遗产的保护工作与全国的工作步调保持一致。这一年，由嘉绒藏族编织、挑花刺绣协会申报了“嘉绒藏族编织、挑花与刺绣工艺”省级非物质文化遗产名录文本。2009年6月由省政府批准公布为第二批省级非物质文化遗产名录。同年9月19日，四川省文化厅公布了第四批省级非物质文化遗产项目代表性传承人共188名，嘉绒藏族编织、挑花刺绣传承人杨华珍名列其中。2011年5月23日，国务院公布了全国《第三批国家级非物质文化遗产名录》和《国家级非物质文化遗产扩展项目名录》，由阿坝州申报的“藏族编织、挑花刺绣工艺”非物质文化遗产名录项目位列其中。2012年8月，杨华珍被命名为国家级非物质文化遗产名录项目“藏族编织、挑花刺绣工艺”代表性传承人。由阿坝州嘉绒藏族挑花刺绣协会申报的冯秀群等10名州级传承人于2012年6月获得批准。

从2006年至2012年的6年多时间里，嘉绒藏族织绣的抢救与保护工作成效显著，其主要标志是：国家级、省级、州级、县级四级非物质文化遗产名录已经基本形成；国家级、省级、州级、县级四级非物质文化遗产名录代表性传承人得到确认；对已列入四级非物质文化遗产保护名录的项目，以及相对应的代表性传承人的档案已基本建立；收集了部分与嘉绒藏族织绣相关的实物。可以说，使处于濒危境地的嘉绒藏族编绣重新焕发出生命的活力，抢救性保护工作取得了阶段性的成效。截止2012年底止，阿坝州嘉绒藏族织绣的四级名录和相应的四级代表性传承人详见下表。

阿坝州嘉绒藏族织绣四级（国家、省、州、县）非物质文化遗产代表性项目名录表

级别	批次	项目类别	代表性项目名录	申报地区或单位	备注
国家级	3	传统美术	藏族编织、挑花刺绣工艺	阿坝藏族羌族自治州	
省 级	2	传统技艺	嘉绒藏族编织、挑花刺绣工艺	阿坝藏族羌族自治州嘉绒藏族编织、挑花刺绣协会	
州 级	1	传统技艺	挑花、刺绣	小金县文化体育局	
	1	传统技艺	编织技艺	金川县文化体育局	
	1	传统技艺	编织工艺	小金县文化体育局	
	2	传统技艺	嘉绒藏族编织	金川县文化体育局	
县 级		传统技艺	民间纺织手工艺	黑水县	
		传统技艺	花腰带编织工艺	黑水县	
		传统技艺	刺绣	金川县	
		传统技艺	织艺	金川县	
		传统技艺	刺绣	小金县结斯乡	
		传统技艺	刺绣	小金县新桥团结村	
		传统技艺	编织	小金县墨龙墨龙村	
		传统技艺	嘉绒编织	马尔康县卓克基镇查米一队	三郎哈姆
			挑花刺绣	理县米亚罗镇	与桃坪乡、蒲溪乡合报
			编织技艺	理县米亚罗镇	与桃坪乡、蒲溪乡合报

阿坝州嘉绒藏族织绣四级（国家、省、州、县）非物质文化遗产项目名录代表性传承人表

级别	批次	项目类别	代表性项目名录	传承人	申报地区或单位	备注
国家级	3	传统美术	藏族编织、挑花刺绣工艺	杨华珍	阿坝州	
省 级	2	传统技艺	嘉绒藏族编织、挑花刺绣工艺	杨华珍	阿坝州嘉绒藏族编织、挑花刺绣协会	
州 级		传统技艺	嘉绒藏族编织、挑花刺绣工艺	冯秀群	阿坝州嘉绒藏族编织、挑花刺绣协会	
		传统技艺	嘉绒藏族编织、挑花刺绣工艺	哈世铃	阿坝州嘉绒藏族编织、挑花刺绣协会	
		传统技艺	嘉绒藏族编织、挑花刺绣工艺	哈四门	阿坝州嘉绒藏族编织、挑花刺绣协会	
		传统技艺	嘉绒藏族编织、挑花刺绣工艺	苏先芹	阿坝州嘉绒藏族编织、挑花刺绣协会	
		传统技艺	嘉绒藏族编织、挑花刺绣工艺	王　韵	阿坝州嘉绒藏族编织、挑花刺绣协会	
		传统技艺	嘉绒藏族编织、挑花刺绣工艺	杨白兰	阿坝州嘉绒藏族编织、挑花刺绣协会	
		传统技艺	嘉绒藏族编织、挑花刺绣工艺	舒代燕	阿坝州嘉绒藏族编织、挑花刺绣协会	
		传统技艺	嘉绒藏族编织、挑花刺绣工艺	何友芳	阿坝州嘉绒藏族编织、挑花刺绣协会	
		传统技艺	嘉绒藏族编织、挑花刺绣工艺	冯　涛	阿坝州嘉绒藏族编织、挑花刺绣协会	
		传统技艺	嘉绒藏族编织、挑花刺绣工艺	阿斯基	阿坝州嘉绒藏族编织、挑花刺绣协会	
	1	传统技艺	挑花、刺绣	陈自秀	小金县文化体育局	
	1	传统技艺	编织技艺	龙春燕	金川县文化体育局	
	1	传统技艺	编织工艺	杨德英	小金县文化体育局	

续表：

级别	批次	项目类别	代表性项目名录	传承人	申报地区或单位	备注
县 级		传统技艺	民间纺织手工艺	沙布、李江、苏郎初	黑水县	
		传统技艺	花腰带编织工艺	李 一	黑水县	
		传统技艺	刺绣	文斯秀、龙春燕	金川县	
		传统技艺	织艺	马秀珍	金川县	
		传统技艺	刺绣	陈自秀	小金县结斯乡	
		传统技艺	刺绣	周桂芬	小金县新桥团结	
		传统技艺	编织	杨德英	小金县新桥团结	
		传统技艺	嘉绒编织	三郎哈姆	马尔康县卓克基镇查米一队	
		传统技艺	挑花刺绣	王露群	理县米亚罗镇	与桃坪乡、蒲溪乡合报
		传统技艺	编织技艺	易兴初、龙升玉	理县米亚罗镇	与桃坪乡、蒲溪乡合报

（二）抢救性保护所面临的挑战

前面已经对阿坝州6年多来嘉绒藏族织绣的抢救性保护所作的工作和取得的成效作了简要回顾。与此同时，十分有必要对阿坝州嘉绒织绣在抢救性保护工作中所面临的挑战有所认识。

1. 工业化所带来的挑战

随着我国工业化程度的日益提高，作为农耕时代的传统技艺受到机械化生产的严重冲击，例如嘉绒藏族刺绣最具代表性的载体——头帕，多年前机绣产品就已经进入市场，不仅其价格较之手工绣品低，而且做工也精良，致使嘉绒藏区的许多藏族妇女也青睐机绣头帕，而手工刺绣头帕则遭遇冷落。

2. 时尚生活所产生的影响

随着人们生活水平的不断改善和提高，追求时尚已成为当代中青年人的一种追求，其审美观念和消费习俗发生了改变。嘉绒藏区尤其是在城镇，穿着民族服饰的人逐渐在减少。民族服饰似乎已经成为年节和喜庆时日的一种点缀。这种状况，直接导致当地民间织绣的“疲软”。

3. 原材料短缺所导致的技艺濒危

当今，嘉绒藏区绝大部分农村已经不再种麻。由于原材料的短缺，因而导致掌握纺织麻布技艺的艺人锐减，如果不认真加以关注和保护，麻布纺织技艺便会很快失传。就毛纺织而言，作为原材料的羊毛外流现象也较为突出。在原料相对紧缺的状况下，对毛纺织技艺的传承的压力是十分大的。

4. 传承队伍不稳定

嘉绒藏族织绣的传承队伍不够稳定，主要表现如下：一是家居农村的掌握有一定织绣技艺的中青年妇女外出打工现象较为突出；二是一些织绣技艺较好的妇女年事已高，但又苦于找不到接班人，所以不得不停息了织绣技艺，笔者在阿坝州嘉绒藏区作调查时，就曾遇见过这样的案例；三是已从事织绣几年并且已经熟练掌握刺绣技艺的少数青年绣女，由于坚守不住织绣的清苦和寂寞而放弃这个职业；四是一件手工织绣产品，往往费工数日，多则数月，但所得到的报酬与实际付出的劳动相差甚远，严重影响了艺人们的积极性，从而导致一些艺人弃艺外出打工的现象出现。

5. 传统观念的桎梏

这里所谓的传统观念有两层意思，一层意思是说嘉绒藏族织绣从产生到现代，其所生产的产品从来都是自产自用，在这种自给自足自然经济状况下，一方面，艺人的市场观念是十分淡薄；另一方面，因所生产的产品只为满足自用，所以重在实在性上，缺乏能满足顾客所追求的品

种和艺术水准。另一层意思是指嘉绒织绣的绝大多数艺人都是地道的农民，她们文化水平大都较低，所习得的织绣技艺也仅局限于家中老人或是同村的艺人们那里获得，很难得到更大范围的交流，她们多满足于经验性的传承，而缺乏创新意识。

6. 档案资料不全，实物更是缺乏

嘉绒藏族织绣各级非物质文化遗产名录项目及其各级代表性传承人都是经过普查，然后逐级申报而获得批准的。毫无疑问，非物质文化遗产名录项目和各级代表性传承人的基本档案都已基本建立。但是，档案材料参差不齐，特别是省级以下名录项目和传承人的档案材料有的信息不全，甚至有的部分有缺失。另外，随着我国非物质文化遗产保护工作的深入开展，发现一些有历史、文化价值的嘉绒藏族织绣的珍贵实物，如工具、古老刺绣服装、古花带、古绣品等的流失现象较为严重。

三、抢救性保护措施

嘉绒藏族织绣也与其他非物质文化遗产一样，由于受到诸多因素的影响，优秀传承人和优秀技艺正面临消失的危险。因而，应以“抢救第一”作为抢救和保护工作的第一要务。

（一）继续深入开展嘉绒藏族织绣的全面普查工作，摸清家底

重点是对阿坝州内县、乡两级嘉绒藏族织绣进行全面普查和相关资料的完善，进一步补充和完善县一级嘉绒藏族织绣的分布区域和生存现状等资料。

普查中，运用笔录、摄影、录音、录像方式真实记录普查成果，也要注意收集有代表性的工具、作品和有关的实物。同时，要做好登记，包括实物名称、内容简介、类别等。在普查过程中，尤其要重视下列两

方面的普查：

1. 对阿坝州内濒危和即将失传的嘉绒藏族织绣的针法和技法进行抢救性调查，运用多种手段收集资料，尤其要注意运用现代科技手段和多媒体技术进行抢救和保护。

2. 对民间保存的老服饰中珍贵的挑花刺绣针法技法进行抢救。通过普查，走访，寻找尚能运用这些珍贵针法、技法的民间艺人，通过他们，对这些针法和技法进行现场演示，调查人员运用多种手段记录、整理出这些珍贵技法的完整过程和关键环节。

（二）抓紧做好濒危的技艺抢救保护工作

在调查中，我们发现，嘉绒藏族地区现已基本不种麻，传承千年的麻纺织技艺由于原材料缺乏而极有可能失传。应在调查研究基础上，适当安排一些有条件的地方种麻，以保持该技艺的延续。此外，嘉绒藏族织花带的技艺是其纺织技艺中的精华。一方面艺人们多数年事渐高，后继乏人，另一方面，许多精美图案传承人都不知名，长此下去，极有可能丢失。当前一是要抓传承人的培养，二是要聘请一批藏族文化学者和纺织专家，组成专门的调查组进行整理和研究并形成成果。

（三）抓紧开展对民间服饰的调查与抢救工作

藏族民间服饰文化与嘉绒藏族织绣的关系十分密切，应当说，藏族民间服饰文化是嘉绒藏族织绣的载体。藏族服饰文化中蕴藏着大量的嘉绒藏族织绣的历史信息，十分需要进行抢救性普查。

（四）扎实抓好嘉绒藏族织绣的资料保存和实物收藏工作

普查之后，应对普查成果进行分类、整理，将资料系统化、规范化和档案化。除了要整理图片和文字性资料外，还应利用计算机技术，完善嘉绒藏族织绣的数据库建设。二是收集整理与嘉绒藏族织绣相关的代表性实物，并妥善保存、防止损毁流失。

（五）制定或完善各级抢救、保护方案，建立分级保护制度和保护体系，分步实施。

抢救保护工作应区分轻重缓急，对那些处于濒危状态且具有重大历史价值的嘉绒藏族织绣门类，要优先安排，抓紧抢救；对那些濒危门类的嘉绒藏族织绣传承人和年老体弱的嘉绒藏族织绣传承人所掌握的知识和技艺，要尽快采取措施，进行抢救性记录。在全面普查，摸清家底的基础上，根据新形势的要求和经济社会发展的实际，各地应制定全面、长远的抢救和保护的总体规划以及具体实施方案。规划中要分阶段提出目标、任务和要求，从实际出发，有重点、有步骤地循序渐进，逐步实施。

第二节　嘉绒藏族织绣的生产性保护

一、生产性保护已经成为“自上而下，自下而上”的一种保护方式和实践行为

近年来，非物质文化遗产生产性保护在学术界成为一个热门话题，可谓仁者见仁，智者见智。学术界的讨论，一方面推动了各地方非物质文化遗产生产性保护的实践，另一方面为国家出台加强非物质文化遗产生产性保护的指导性意见作了理论上和政策上的准备。2011年2月25日，由中华人民共和国主席胡锦涛签发的《中华人民共和国非物质文化遗产

法》的第三十七条明确指出："国家鼓励和支持发挥非物质文化遗产资源的特殊优势，在有效保护的基础上，合理利用非物质文化遗产代表性项目开发具有地方、民族特色和市场潜力的文化产品和文化服务"。这为非物质文化遗产开展生产性保护提供了法律依据。2012年2月2日，文化部出台了文非遗函（2012）4号文件，即《文化部关于加强非物质文化遗产生产性保护的指导意见》，该《意见》首先对我国非物质文化遗产生产性保护做出了界定。对于实施非物质文化遗产生产性保护的重要意义，《意见》从四个"有利于"作了阐述，对非物质文化遗产生产性保护的方针和原则做出了说明。《意见》的重点是为在全国范围内科学推动非物质文化遗产生产性保护工作的深入开展，提出了：坚持正确导向；合理规划布局；健全传承机制；落实扶持措施；加强引导规范；建设基础设施；发挥协会作用；营造良好氛围八个方面的措施。这八个方面的措施既高屋建瓴，全面完整，政策性突显，具有宏观指导性；又具体细致，深入浅出，还具有极强的可操作性。例如在健全机制方面，具体提出"制定非物质文化遗产生产性保护传承计划，建立传承人培养激励机制，增强代表性传承人履行传承义务的责任感和荣誉感；为代表性传承人开展生产，授徒传艺、展示交流等活动创造条件，提供服务；对年老体弱的代表性传承人，抓紧开展抢救性记录工作，翔实记录代表性传承人掌握的精湛技艺和工艺流程；对传承工作有突出贡献的代表性传承人给予表彰、奖励；对学艺者采取助学、奖学金措施，鼓励其学习、掌握传统技艺；遵循非物质文化遗产项目生产方式的个性和特征，鼓励和支持代表性传承人设立个人工作室等"。又如在加强引导规范方面，提出"对适合生产性保护但处于濒危状态、传承困难的代表性项目，要优先抢救与扶持，记录、保存相关资料，尽快扶持恢复生产，传承技艺，督促开展相关工作；对有市场潜力的代表性项目，鼓励采取'项目+传承人+基地'以及'传承人+协会+公司+农户'等模式，结合发展文化旅游、民俗节庆活动开展生产性保护，促进其良性发展；对开展生产性保护取得显著成绩的代表性项目，要及时总结，推广经验；对忽视技艺保护和传承或者过度开发、破坏传统工艺流程和核心技艺的，要及时纠正偏差，落实整改措施，加强管理的规范”。《意见》还对建立完善非物质文化遗产生产性保护工作机制的坚持政府引导、鼓励社会参与、发挥专家作用、加强指导检查四个方面做出了具体阐述。

《文化部关于加强非物质文化遗产生产性保护的指导意见》的出台，标志着我国非物质文化遗产的保护又上了一个新台阶。同时又为我国非物质文化遗产生产性保护工作引领了方向。

四川省是一个文化大省，非物质文化遗产也十分丰饶，国家级非物质文化遗产项目名录特别是传统技艺和传统美术及传统医药药物炮制类的项目名录在全国地位突出，因此生产性保护的任务十分艰巨，也十分光荣。2011年，四川省向国家申报了首批国家级非物质文化遗产生产性保护示范基地。2012年1月31日，国家级非物质文化遗产生产性保护示范基地颁牌仪式在文化部举行，四川省成都市蜀锦织绣有限责任公司（蜀锦织造技艺）、绵竹年画社（绵竹木版年画）、雅安市友谊茶叶有限公司（黑茶制作技艺、南路边茶制作技艺）榜上有名。四川成为我国国家级非物质文化遗产生产性示范基地最多的五个省份之一。2012年12月11日，四川省文化厅公布第一批四川省省级非物质文化遗产生产性保护示范基地名单，他们是成都漆器工艺厂、成都市志辉藤编有限公司、荥经县曾氏庆红砂器有限责任公司、攀枝花市鑫苑工艺美术制片厂、青神县云华竹旅有限公司、阿坝州藏族编织、挑花刺绣协会、凉山州贾佳彝族传统服饰生产有限公司等责任单位。2012年12月13日，四川省文化厅在眉山市召开了四川省非物质文化遗产保护督查工作总结暨生产性保护工作交流会。四川省文化厅厅长郑晓幸作了《坚持科学保护，推进传承发展，让人民群众共享非物质文化遗产保护成果》的讲话，讲话中，对近些年来四川省积极引导和推进非物质文化遗产生产性保护所取得的成绩作了"传承活力增强、项目业态扩展、品牌影响提高、资源利用延伸"的归纳。同时还对"继续大力推进非物质文化遗产生产性保护工作，及时将非物质文化遗产文化资源转化为文化经济发展优势"作了具体的布置。会议期间，眉山市文化广播新闻出版局、雅安市文化广播新闻出版局、成都市蜀锦织绣有限责任公司、绵竹年画社作了关于推进国家级非物质文化遗产项目生产性保护工作的经验交流发言。其中雅安市文化广播新闻出版局所做的《政府主导，企业参与，科学谋划黑茶制作技艺生产性保护》交流发言中，"积极探索生产性保护与现代手段相结合、地域文化与经济发展相结合、原生态文化保护与先进理念相结合的基本思路"，"以保护促生产，以生产促发展，以发展促保护"的良性互动机制和"将传统'工艺流程'、核心'制作技艺'和传承人作为生产件保护的三大核心任务"等，具有较强的推广价值和借鉴意义。会议期间，还举行了四川省省级非物质文化遗产生产性保护基地颁牌仪式。

藏族编织、挑花刺绣和羌绣（以下简称"藏羌织绣"）是阿坝州的两个传统美术类的国家级非物质文化遗产名录项目，在国家、省、州的大力扶持下，在社会各界的热情帮扶下，逐渐形成阿坝州文化产业的优势项目。2012年4月23日，由阿坝州州委宣传部、阿坝州人力资源和社会保障局、阿坝州文化局、阿坝州妇联四家单位联合发布了《关于扶持藏羌织绣文化产业发展的意见》，《意见》指出："自2008年以来，由阿坝州藏族编织、挑花刺绣协会、阿坝州妇女羌绣就业帮扶中心，通过'公司+基地+农户'模式，推动外部'输血'向自身'造血'转变，目前已形成5大系列、1000多种产品，并在北京、上海、成都等地设立藏羌织绣专卖店，实现产值数千万元……鼓励和扶持藏羌织绣文化产业，做大做强藏羌织绣品牌，不仅是繁荣发展民族文化的历史要求，更是发展壮大惠民产业的现实需求。"有鉴于此，决定从2012年至2016年，实施对藏羌织绣的三项扶持政策和三项保障措施。三项扶持政策是：（一）加大培训力度，培养高端人才；（二）组织技能评比，建立竞争机制；（三）制定奖励政策，激发创作活力。三项保障措施是：（一）成立"阿坝州妇女藏羌织绣就业帮扶中心"领导小组，其主要工作职责是："根据藏羌织绣文化产业发展现状，组织相关部门，适时修编产业发展规划，制定并分解年度产业发展目标和计划，协调各项资源配置到位，督促相关职能部门落实工作计划；协调解决藏羌织绣产业发展的重要问题；总结推广藏羌织绣发展特色经济。（二）州财政每年将工作经费和相关奖励经费等列入预算，州级相关部门要将藏羌织绣产业发展项目纳入专项资金预算。（三）藏羌织绣产业所在的县级财政要给予适当投入。

阿坝州《关于扶持藏羌织绣文化产业发展的意见》的主旨虽然是立足州情，旨在推进阿坝州藏羌织绣文化产业的发展，但从非物质文化遗产生产性保护的视角来审视，不能不说是对阿坝州国家级非物质文化遗产藏羌织绣的生产性保护起到了实质性的推动作用，尤其是对已经被列为四川省省级非物质文化遗产生产性保护示范基地的阿坝州藏族编织、挑花刺绣协会（藏族编织、挑花刺绣技艺）而言，其推动作用更为直接。

阿坝州藏族编织、挑花刺绣协会从2008年8月成立以来到2013年7月的5年时间里，走过了一段艰难的历程。在这段历程中，其生存与发展，总是与保护紧紧联系在一起的。在保护工作中，突出表现在以下几个方面，一是注重对传承人的培养；二是对嘉绒藏族织绣针法和技法的整理；三是收集与嘉绒藏族织绣的实物和嘉绒藏族地区的文物、历史资料的收集；四是抢救和恢复已濒临失传针法；五是在生产过程中，始终坚持嘉绒藏族编织、挑花刺绣传统技艺的本真性、整体性。作为四川省首批非物质文化遗产生产性保护示范基地而言，对阿坝州的非物质文化遗产的生产性保护起到了引领和示范作用。关于阿坝州嘉绒藏族编织、挑花刺绣协会在生产性保护中的实绩，本文将在后文中结合企业的发展作介绍。

二、生产性保护措施

（一）以生产性示范基地为平台，以抢救和保护传统手工技艺为重点，以传承为核心，以产品作为载体，以传承人为根本

嘉绒藏族织绣在传承中，最重要的是对民族文化的继承和传承。同时，也要发展创新、普及推广。鼓励其基于非物质文化遗产本真性技艺传承的生产技术进步，不断提高自身发展实力，生产出标志性的传统手工艺精品，壮大企业规模。

要对传承人给予政策和资金扶持，改善其生产环境和条件，为产品的宣传、推介提供便捷有效的信息服务。要重视人才的培养，将其作为生产性示范基地长效性、标志性、可持续发展的培训目标。

（二）创新管理模式，建立政府+企业+协会+绣工的整合模式

充分利用各级政府的各项政策，通过州内外的企业和营销平台，通过帮扶中心和协会，大力发展嘉绒藏族织绣产业。通过“政府+企业+协会+绣工”模式，实现技艺传承、产品生产、销售的一体化。以政府为主导，企业为核心，协会为桥梁、绣工为主体，通过技艺辐射、产品回收的方式为当地农村妇女提供工作与实现价值的机会，帮助她们从传统的家庭妇女转变为具备独立生产、生存能力与价值的人，实现农村妇女的自我身份认同，以及生活、生产模式的多重转化。

（三）政府主导，社会参与，充分发挥民间社团、行业协会和研究机构的作用

各级政府应提出符合实际的保护措施，在资金、资源、优惠政策等方面给予保证。对于能够发展的项目，在税收、市场等政策层面予以支持，使从事生产性保护的企业发展得更为健康；对处于萎缩和濒危状态的项目，可以采取注入资金、政府采购产品等多种形式培养传承人，使之通过生产性保护而得以传承。

各级政府还应积极引导社会参与。一是对企业和个人资助嘉绒藏族织绣保护工作给予税收优惠待遇，从而引导更多社会资本的投入。二是通过专项资金引导更多的社会资金投入到非物质文化遗产生产性保护工作中。

广泛吸纳学术研究机构、大专院校、企事业、社会团体等力量，共同参与，建立由相关管理部门和有关专家组成的全面、科学的生产性保护研究和决策机制。

（四）充分利用生产性保护示范基地平台，认真开展技能培训活动

以生产性保护示范基地为依托，根据实际情况，每两年开展一次嘉绒藏族织绣技艺大赛，在大赛中评出的优秀作品，要进行奖励，并进行广泛宣传，对于获奖作品的艺人，有意识地加以培养和关注，根据非物质文化遗产代表性传承人的条件，对符合升级条件的传承人要进行及时申报上一级代表性传承人。在技艺大赛中，既鼓励传承人织绣传统作品，更要鼓励他们在保护核心技艺的基础上，在内容、题材和表现形式上，创造出既能体现非物质文化遗产的内涵和文化价值，又与现代生活和现代人的审美情趣相契合，与市场接轨的作品。

生产性示范基地的生产，要从根本上继承核心技艺，保持本真性和完整性，使嘉绒藏族织绣技艺在面向社会文化领域中各种流派时，不仅

不丢失自身的本色，而且能显得更具时代风采。结合嘉绒藏族织绣工艺的现代探索，发扬藏民族的织绣传统，使传统嘉绒藏族织绣的核心技术有一个一脉相承的传承发展轨迹，有一个共同的脉理经络，使其在传统和现代有机融合的传承发展中不断线，以避免被别的文化样式所吞噬。

（五）以生产性保护示范基地为核心，注意与农村、乡镇社区对接，实现点面结合

通过生产性保护示范基地的示范作用，鼓励基地的优绣传承人走出基地，与村寨民众接触，将传统技艺和产品与群众的日常生活相结合。以基地传承人辅导为主，建立基地传承人、村寨骨干艺人、当地人民群众三位一体的传承、生产、共享、交流网络，形成点、线、面相结合的立体、活态的传承、发展机制，拓展嘉绒藏族织绣的生存发展空间。以此带动当地更多的人增加收入，促进社会和谐安定和精神文明建设，使生产性保护示范基地建设具有更加积极的示范性、标志性、实效性价值。

第三节　嘉绒藏族织绣传承主体的保护

传承是非物质文化遗产的基本特征之一，而传承的关键在于传承人，非物质文化遗产的传承主体是民间文化艺术的优秀传承人，是进行非物质文化遗产保护的核心因素。阿坝州嘉绒藏族织绣的传承主体目前有两个层面，一个层面是历史悠久的以家庭（家族）传承为主的传统传承主体，尽管在现代变迁中面临着较大的冲击，传承人普遍“高龄化”，已进入濒危的高峰期，目前它依然是嘉绒藏族织绣传承主体的主流。另一个层面是近年来应运而生的民营企业的现代型传承主体。针对实际，应当采取切实措施施行传承性保护。

一、进一步深化嘉绒藏族织绣四级名录代表性传承人的认定工作

要结合阿坝州的州情和各县县情，依照国家、省、州对非物质文化遗产传承人的认定标准和程序，推进传承人认定工作，尤其是县级传承人的认定工作。在弄清其传承谱系、传承路线、掌握和传承的技艺水平、对所传承项目的创新与发展等情况后，按照社区、群众公认的原则，认定传承人。实施传承人后备人员的选拔、培养工作。

二、建立健全对传承人的管理机制

参考联合国《关于建立“人间活珍宝”制度的指导性意见》和我国的《非遗法》，依据《阿坝藏族羌族自治州非遗保护条例》建立起阿坝州的管理体制，为认定传承人的条件、履行的义务、退出、权益保护、基本生活和技艺传承等事宜，提供法律依据。

三、加大资金投入和筹措力度，积极落实传承人的待遇

通过政府投入、鼓励和吸引社会各界参与，多渠道筹措资金，建立起相应的保护基金，为传承人发放相应的补贴，为他们创造适宜的生活、工作条件，解决他们的后顾之忧，为他们履行义务、开展传承活动、培养后继人才，配合文化主管部门和其他有关部门进行调查，参与公益性宣传，提供必要的经济基础。

四、加大现代型传承主体的培训力度

对于作为现代民营企业的现代型传承主体，要以集体培训、生产培训作为传承的主要方式，其核心是要有名师。除专业技能的传承培养外，还应聘请专家，开设诸如绘画、中国四大名绣、藏族传统民间美术等课程。

五、高度重视和支持嘉绒藏族织绣的传播活动

（一）积极支持代表性传承人开展传播活动

阿坝州县级及以上政府的文化主管部门应提供必要的传承场所，提供必要的经费资助传承人开展交流活动。鼓励传承人增强自己进行传播的主动性和自觉性，主动自觉地进行传播工作。

（二）组织嘉绒藏族织绣的宣传和展示活动

阿坝州县级及以上政府，结合实际情况，采取有效措施，组织文化主管部门和其他有关部门，宣传和展示嘉绒藏族织绣；与相关的研究机构合作，整理、出版有代表性的项目成果；充分发挥州内外广播电台、电视台、报纸、网络等媒体的作用，开展对嘉绒藏族织绣代表性作品、传承人等的宣传；鼓励各种传媒机构拍摄制作相关的视听节目或音像制品。

（三）在州内的各族群众中，尤其是青年中宣传和展示嘉绒藏族织绣

将嘉绒藏族织绣渗透到藏区内各族民众的日常生活中，继续扩大藏族编织、挑花刺绣手工产品在百姓日常生活和文化习俗中的使用范围，真正实现活态、整体的保护和传承。

第四节　嘉绒藏族织绣的发展

——以成都杨华珍藏羌织绣文化传播有限责任公司为例

一、铸梦女性——杨华珍

说起嘉绒藏族编织、挑花刺绣协会，说起藏羌绣苑，人们自然会与一个人的名字联系在一起，这个人就是杨华珍。杨华珍，藏族，1957年出生于阿坝州小金县老营乡，自幼随母亲学习嘉绒藏族织绣技艺，从1963年至1989年的27年间，杨华珍从未间断过嘉绒藏族织绣的学习和实践，练就了一身过硬的织绣本领。从1989年至2008年“5·12”汶川大地震，杨华珍在阿坝报社作专职摄影记者期间，一方面在对事物敏锐洞察力的职业素养上有了长足的进步，另一方面，工作之余，依然钟爱自己熟悉的嘉绒藏族织绣技艺，致力于嘉绒藏族织绣技艺的挖掘、整理工作。应当说，2008年“5·12”汶川大地震以前，杨华珍和千万个阿坝藏族妇女一样，是一个平凡的女性。

2008年“5·12”汶川大地震时，杨华珍因公出差在汶川大地震震中的映秀镇，经历灾难而劫后余生的她亲眼看见了地震所带来的深重灾难，也亲眼看见了举国上下支援灾区抗震救灾、重建家园的感人场景。于是她开始思索自己在灾难面前应该做些什么。是灾难唤起了她的一片爱心，是灾难激发了她的文化自信，也是她钟爱的技艺给她增添了勇气和力量，于是她便萌生了组织灾区妇女，利用嘉绒藏族织绣技艺开展生产自救的念头。2008年8月12日，灾难才过去3个月时间，杨华珍就成立了阿坝州藏族编织、挑花刺绣协会并自任会长。其实成立协会的目的，按杨华珍自己的话来说很简单，就是联系那些受灾后的阿坝州藏、羌族妇女，特别是无法离开本土外出打工的中老年妇女，让她们在不离开乡土的情况下，利用织绣之技增加收入，同时也使织绣技艺得到传承。2009年3月，杨华珍从阿坝州带领着七八个姐妹来到成都，在东珠寺街租了一间房子，开起了绣坊。殊不知，绣品没有卖出去多少，自带的3万元本金已经用完，绣坊面临倒闭，真可谓“创业时艰”。就在此时，中房集团成都公司总经理薛玉川伸出了援助之手，在文殊坊白马寺街金马巷为杨华珍提供了作坊，这个作坊就是后来的藏羌绣苑。

2009年5月12日，为了纪念一年前的那场大地震，藏羌绣苑在文殊坊正式开业了。这就是杨华珍筑梦起步的地方。如今，离藏羌绣苑开业四年多了，在杨华珍身上罩上了许多光环：国家级非物质文化遗产名录项目“藏族编织、挑花刺绣”代表性传承人、四川省工艺美术大师、成都杨华珍藏羌织绣文化传播有限公司总经理、联合国教科文民间艺术国际组织（IOV中国）会员、十佳慈善名人、中华非物质文化遗产传承人薪传奖获得者。由杨华珍绣制的传统绣品和创新绣品近年来在国家、省，以及国际的展出评比中，获得二十多个奖项。其中代表性的奖项如2010年3月，《九寨沟·芦苇海》获中国（浙江）非物质文化遗产博览会银奖；2010年5月，《吉祥八宝》获中国（深圳）国际工艺设计博览会中国工艺美术文化创意银奖；2010年9月，《四臂观音盘金绣》获四川省第六届少数民族艺术节金奖，巨幅唐卡《释迦牟尼说法》荣获特别展示奖；2010年10月，在南京举行的第二届IOV世界青年大会上，《天地吉祥》一举获得世界青年大会特别荣誉奖、最佳文化传承奖和世界青年眼中的“最美中国手工艺”奖三项大奖；2011年5月，巨幅唐卡《千手千眼观世音菩萨》获中国成都第三届国际非物质文化艺术节金奖；2012年9月，《吉祥八宝》《绿度母》在四川工艺精品展上分别获得金奖和银奖。杨

吉祥八宝

荣誉证书

HONORARY CREDENTIAL

杨华珍的作品《吉祥八宝》荣获2011年中国刺绣艺术精品展“中丝园杯”

银　奖

特颁此证

中国工艺美术学会
刺绣艺术专业委员会
二〇一一年五月

荣誉证书

HONOR CERTIFICATE

作者：杨华珍

SCAC

2012 四川省工艺美术精品展

金　奖

四川省工艺美术行业协会
2012年9月

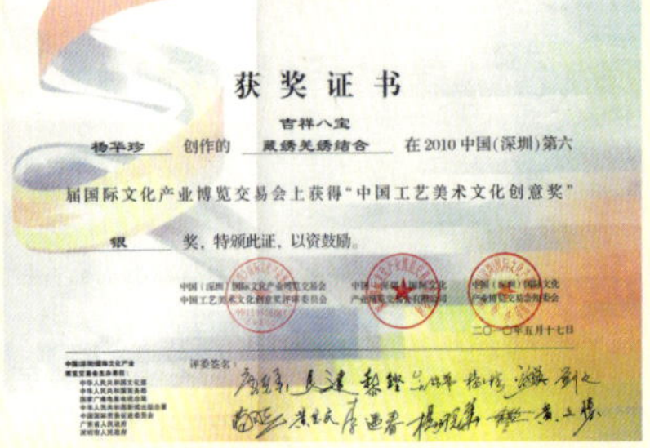

获奖证书

吉祥八宝

杨华珍 创作的 藏绣羌绣结合 在2010中国(深圳)第六届国际文化产业博览交易会上获得“中国工艺美术文化创意奖” 银 奖，特颁此证，以资鼓励。

中国（深圳）国际文化产业博览交易会
中国工艺美术文化创意奖评审委员会

二〇一〇年五月十七日

评委签名：

荣誉证书
HONOR CERTIFICATE

作品：单面绣扎秀《绿度母》
作者：杨华珍

SCAC

2012四川省工艺美术精品展

银 奖

四川省工艺美术行业协会
2012年9月

评委组组长签名

绿度母

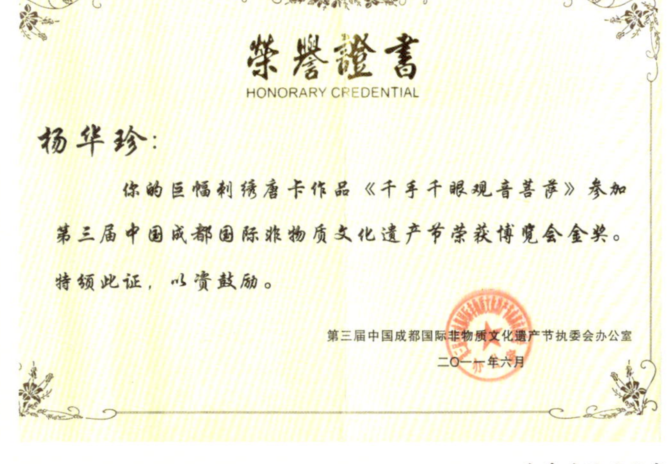

榮譽證書
HONORARY CREDENTIAL

杨华珍：

你的巨幅刺绣唐卡作品《千手千眼观音菩萨》参加第三届中国成都国际非物质文化遗产节荣获博览会金奖。

特颁此证，以资鼓励。

第三届中国成都国际非物质文化遗产节执委会办公室
二〇一一年六月

千手千眼观世音

荣誉证书

杨华珍藏羌织绣文化传播有限公司：

你单位选送的巨幅唐卡《释迦牟尼说法》荣获四川省第六届少数民族艺术节文化博览会 **特别展示奖**

四川省第六届少数民族艺术节文化博览会

二〇一〇年九月二十八日

释迦牟尼讲经说法

荣誉证书

杨华珍藏羌织绣文化传播有限公司：

你单位选送的唐卡刺绣《四臂观音盘金绣》荣获四川省第六届少数民族艺术节文化博览会 **金 奖**

四川省第六届少数民族艺术节文化博览会

二〇一〇年九月二十八日

四臂观音

如意对联

天地吉祥

荣誉证书

HONORARY CREDENTIAL

杨华珍的作品《天地吉祥》荣获 2011 年
中国刺绣艺术精品展“中丝园杯”

金 奖

特颁此证

中国工艺美术学会
刺绣艺术专业委员会
二〇一一年五月

荣誉证书

“第四届四川省工艺美术精品展”

金奖

作品：九米羌绣（吉勒格瓦）

设计：杨华珍 制作：杨华珍

单位：杨华珍藏羌织绣文化传播有限公司

评委组组长：

四川省工艺美术协会

四川省工艺美术学会

2014年6月

九米羌绣《吉勒格瓦》

第四届中国成都国际非物质文化遗产节
The 4th International Festival of the Intangible Cultural Heritage, Chengdu, China
荣誉证书
Honorary Certificate

主办单位(Under the patronage of)
Ministry of Culture of the People's Republic of China
Sichuan Provincial People's Government
Chinese National Commission for UNESCO
UNESCO
承办单位(Organized by)
Chengdu Municipal People's Government
China National Center for the Safeguarding of the Intangible Cultural Heritage
Sichuan Provincial Department of Culture
International Training Center for Intangible Cultural Heritage in the Asia-Pacific Region under the Auspices of UNESCO (CRIHAP)
执行单位(Supporters)
Cultural Bureau of Chengdu
People's Government of Qingyang District, Chengdu
International Intangible Cultural Heritage Park
节会时间
Saturday, June 15 - Sunday, June 23, 2013

五部文殊菩萨：

第四届中国成都国际非物质文化遗产节

特别奖

第四届中国成都国际非物质文化遗产节
成都市执委会
二〇一三年六月二十五日

Chengdu Organizing Committee
The 4th International Festival of the Intangible Cultural Heritage
23 June, 2013

五部文殊菩萨

华珍的事迹，先后被中央电视台、四川电视台、康巴卫视、中央人民政府门户网站、四川省人民政府网站、凤凰网、人民网、四川日报、中国青年报、中国文明网、光明日报、中青世博网、四川新闻网、中国西藏信息网、中国网络电视台、中国民族宗教网、四川文明网、四川灾后重建网等多家电视、报纸、网络媒体宣传报道。杨华珍成为非物质文化遗产保护与发展领域的一位远近知名的领头人、创业者。她的企业成了阿坝州嘉绒藏族织绣发展的一个缩影。

二、成都杨华珍藏羌织绣文化传播有限公司的发展历程

（一）关于“藏羌织绣”的诠释

在谈及成都杨华珍藏羌织绣文化传播有限公司的发展历程之前，有一个问题十分有必要在此做出说明。也就是说为什么杨华珍在2008年8月12日成立的协会名叫“阿坝州嘉绒藏族编织、挑花刺绣协会”，怎么在2009年5月12日，在成都文殊坊开业的作坊却取名叫“藏羌绣苑”？笔者曾在藏羌绣苑建立之初，采访过杨华珍，她的回答简单而又坦率，主要为两点：一是“5·12”汶川大地震，阿坝州是重灾区，而阿坝州内的羌族地区，受灾是最为严重的，所以帮助羌族妇女开展生产自救，是义不容辞的责任。二是嘉绒藏族的织绣和羌族的织绣在技法和针法上存在着同质性特点，完全可以互补和结合。在藏羌绣苑成立之初，在那里工作的绣娘中，就有一多半是羌族中老年妇女。后来，拜杨华珍为师的学徒中也有了羌族女性。2012年1月在汶川建立中国汶川藏羌传习所后，先后又有10余名羌族绣娘加入到该传习所，其中包括省级羌绣代表性传承人汪斯芳和王露群等。可以说，“藏羌织绣”是当代条件下的一个创造，也是杨华珍的企业的一个十分显著的特点。其中既寓有民族一家，和合

偕习的含义，还有藏羌两个民族编织技艺的美美与共的内涵。换句话说就是对“藏族编织、挑花刺绣”和“羌绣”两个国家级非物质文化遗产名录项目在传统技艺的保护上实施“双保护、双继承”、在发展上实施“双弘扬、共发展”。

（二）企业发展历程

1. 建立保护组织机构和生产性机构：

一会、一馆、一公司两个窗口的建立。

核心传承人杨华珍在“5·12”汶川大地震后至今的近五年时间里，先后建立了如下保护组织机构和生产性机构：

（1）2008年8月，成立了阿坝州藏族编织与挑花刺绣协会，杨华珍任会长，协会成员共68人。协会的成立，对阿坝州嘉绒藏族织绣的发展和传承人的保护起到了很好的桥梁与纽带的作用。

（2）2009年5月12日，协会在成都文殊坊通过各方筹资创办了藏羌绣苑。绣苑最初的藏羌妇女艺人50多人，现在有65人。最初组织妇女进行生产自救，同时推动藏羌织绣的传承。此为企业集展示和生产为一体的第一个窗口。

（3）2009年6月，为了推动藏羌刺绣的传承与发展，创办了成都杨华珍藏羌织绣传播有限责任公司。

（4）2012年1月，根据阿坝州委、州政府和汶川县委、县政府的要求，为使藏羌织绣既能保持传统又能得到传承创新，协会在汶川映秀镇组建了中国汶川藏羌绣传习所，开创了“协会+传承人+公司+农村合作社”的企业发展模式。此为企业集展示和生产为一体的第二个窗口。

（5）2012年12月，对设立在成都市文殊坊的藏羌绣苑进行了扩大和重新装修，现院落面积达到2000㎡，形成了集博物馆展示、技艺传承、开发研究、产品生产于一体的非物质文化遗产传承、保护和生产基地。

2. 建立成都华珍藏羌文化博物馆

经过近一年的筹备，经四川省、成都市文化部门的考察，2012年8月，由成都市民政局批复，企业又正式成立了以保护、抢救、继承、弘扬、发展藏羌民族传统民间手工艺文化为宗旨的成都华珍藏羌文化博物馆。博物馆现收集各种织绣实物、古籍经典、服装配饰、各式佛像及手工艺艺术品等藏品共计2587件，在织绣藏品中，具有较高的艺术价值和学术价值，其中有清代《天地吉祥》《富贵牡丹》等文物藏品以及现代巨幅刺绣唐卡《释迦牟尼讲经说法》《千手千眼观音菩萨》《五部文殊菩萨》以及各种材质的精美织绣工艺品。

目前，博物馆的陈列工作已经初步完成，但还有大量的文物征集工作、传统绣品的复制工作需要花大力气，力争在较短的时间内，将博物馆建成四川省内独具特色的藏羌织绣专题民营博物馆。

国家级非物质文化遗产
生产性保护示范基地

汶川杨华珍藏羌织绣文化传播有限公司
藏族编织、挑花刺绣工艺
羌族刺绣
中华人民共和国文化部制
二〇一四年五月

世界汶川 · 水墨桃源
中国 · 汶川
示範基地

中国汶川藏羌绣传习所（映秀镇）

中国藏美绣
中国藏美绣
西藏佛
Tibetan Buddhist

文殊院藏羌绣苑新址（成都）

成都华珍藏羌文化博物馆

成都华珍藏羌文化博物馆展厅

文殊院藏羌绣苑新址展销大厅

3. 着力开展藏羌织绣传承人的培训

坚持藏羌织绣技艺的活态传承是保护这一传统技艺的第一要务，协会成立至今，一是在政府和社会的帮助下开展培训活动，二是协会多方投资达60余万，在成都藏羌绣苑、中国汶川藏羌织绣传习所坚持常年培训，为学员提供免费食宿、场租、生产材料、医保、社保、工资等。还经常深入到汶川、理县、小金、红原、九寨沟县等灾区举办流动培训班，对当地的妇女村民传习藏羌织绣技艺，先后培训达2000余人次，使部分灾区的农村妇女、残疾人实现了“居家就业、在家致富”，还为59名县、州级传承人、残疾人等签订了长期就业协议。此举，受到四川省委、阿坝州州委、州政府的高度肯定和国家文化部、省文化厅的表扬。同时，还在成都市青羊区、成都市龙泉驿洛带镇、四川大学轻纺学院和香港地区开办藏羌织绣技艺的传习班和讲座，积极向社会各界传播藏羌织绣文化。

4. 对传统民间技艺进行抢救性保护，建立数据库

“5·12”汶川特大地震后，协会坚持“保护为主，抢救第一”的方针，先后投资130多万，到灾区民间收集藏族编织与挑花刺绣传统技法制作的作品，并进一步整理、修复，对该技艺进行抢救性保护。现已收集嘉绒藏族服饰图案600种以上，嘉绒藏族挑花刺绣绣片920余件，嘉绒藏族毛纺织、麻纺织、布纺织样品260余件。对嘉绒藏族织绣的基本技法和针法进行了较为系统的整理和归纳。恢复了《天地吉祥》等传统挑花刺绣作品，特别是对刺绣当中濒临灭绝的盘金绣进行了抢救，恢复了该针法的技艺。先后恢复了《释迦牟尼》《四臂观音》等极具嘉绒藏族挑花刺绣特色的传统盘金绣唐卡作品。

对现已收集到的各类图案、文字资料及实物资料进行了系统整理，利用数字化技术对信息进行输入整理后储存，建立了资料性的数据库，为嘉绒藏族织绣传统技法现代运用和研究提供了基础素材。

5. 举办学术交流，参加展览展示活动

协会在抢救、保护、传承中广泛地进行了以藏羌织绣技艺为核心的文化交流。投资200余万在北京、上海、广州、香港、澳门、山东、四川大学、四川文化职业学院、文殊坊、街子古镇等进行陈列展示和学术交流。特别是在汶川县映秀镇的中国汶川藏羌绣传习所，在成立一年的时间里，已经进行了40余次国际、国内的文化交流，其中包括新加坡总理李显龙和夫人何晶女士，坦桑尼亚联合共和国总统、非洲联盟轮值主席贾卡亚·基奎特，泰国艺术家访问团等，同时在展示展览过程中得到了党和国家领导人的关怀与肯定。

杨华珍向新加坡总理李显龙和夫人何晶女士赠送刺绣作品

坦桑尼亚联合共和国总统、非洲联盟轮值主席贾卡亚·基奎特在汶川县映秀镇参观杨华珍作品后题字留念

第四届国际非遗节期间，国际非遗专家小组一行到文殊坊中国藏羌绣暨藏羌文化博物馆进行考察、交流

IOV（联合国教科文民间艺术国际组织）主席卡门参观藏羌织绣

开展文化交流的同时，协会积极参加国内外展览展示活动。投资180余万绣制的巨幅刺绣唐卡《释迦牟尼说法》荣获四川省第六届少数民族艺术节特别展示奖，《千手千眼观世音菩萨》荣获中国·成都第三届国际非物质文化遗产节金奖，《天地吉祥》荣获2011年中国刺绣艺术精品展“中丝园杯”金奖。2010年10月，联合国教科文民间艺术国际组织在南京举办的第二届世界青年大会上，获得世界青年大会特别荣誉奖、最佳文化传承大奖、世界青年眼中的[最美中国手工艺]大奖，使藏羌织绣在世界青年心中留下了深刻、美好的印象。

在参加成都举办的2012全国工艺美术行业年会上，杨华珍作品《吉祥八宝》获得金奖、《绿度母》获得银奖。

6. 面对市场、开拓创新

传统的藏羌织绣在藏羌民族中是极为生活化的技艺，常运用于其服装、家居用品等生活实用品的装饰，具有极强的实用性价值。随着人们的物质文化水平的提高，越来越多的人，已经厌倦了工业产品的整齐划一，人们越来越渴望个性化的生活，越来越多的人开始怀恋传统的手工艺产品，热衷于追求手工产品带来的精致的、个性化的心理享受，在这样的心理需求的影响下，传统的手工技艺在新时期里慢慢具有了新的市场潜力与活力。公司顺应这一潮流，面对市场，大胆创新，大力开发藏羌织绣的实用性价值，力求将传统的织绣文化与现代设计元素相结合，设计出大量适销对路的产品，一方面满足消费者对这一产品的需求，另一方面，只有对传统的藏羌织绣进行这种生产性保护，这种独特的技艺才能得到有效的传承和长足的发展。

认真分析当前市场，针对不同消费者的需求，主要开发出三类创新产品。

（1）旅游纪念品。针对四川相对发达的旅游业，需要大量具有地方、民族特色的旅游产品，公司研发出了各种档次的旅游产品，既有极为传统的各色小香包、传统的绣花鞋等，也有绣花钱包、化妆包等满足现代人生活需要的产品。区别于一般工业产品，特色旅游产品的设计立足传统，体现浓厚的地方特色和民族特色。以旅游纪念品为媒介，扩大了藏羌织绣技艺及其产品在大众消费市场的影响,实现销售收入最大化。

（2）精美礼品。针对时下的礼品市场，研发了各类档次的礼品。目前主要以刺绣工艺品为主，另还有高档丝巾及箱包。其中特色礼品装饰画的刺绣图案既立足传统纹样，又根据现代人不同的审美需求，有了很多创新之处。针法和材料不再拘泥于传统，特色礼品装饰画会根据不同的需求，选用不同的针法、材质，刺绣题材也更为多元化，而丝巾及箱包的设计上更是引入了现代的设计理念，体现传统与现代的完美结合。

（3）个性化订制产品。主要针对个性化家居装饰设计、酒店软装设计等。现已经针对高级酒店、会所创作出一系列具有时尚风格的实用性产品，受到广泛的好评。

通过面对市场、开拓创新，现已针对喜爱藏羌织绣的收藏者设计制作出一系列具有收藏价值的作品。

（三）（2013～2018）企业发展的愿景

1. 抢救与保护

（1）继续开展博物馆展陈品的收集和复制

在民间继续收集整理传统藏羌织绣藏品的基础上，继续复制一批传统藏羌织绣的作品，其中一部分投放市场，一部分作为博物馆的藏品进行收藏。

（2）积极开展民间调查与研究

计划从2013年起至2014年，两年间，对阿坝州境内的马尔康、金川、小金、理县、汶川、壤塘等县，以及甘孜州的丹巴县，雅安市的宝兴县的嘉绒藏族聚居区，九寨沟县和平武县的白马藏族聚居区开展藏族挑花刺绣的实地调查。收集嘉绒藏族织绣的图案、实物。对阿坝州境内的汶川、理县、茂县、松潘，以及绵阳市的北川羌族自治县等羌族聚居区开展羌绣的实地调查，收集羌绣的图案、实物。尤其注重藏族编织、挑花刺绣和羌绣中濒临失传的针法、技法的图案与实物的收集，通过整理和研究以及实际操作，使之得到恢复和传承。

（3）认真学习国内、省内国家级生产性保护示范基地的经验，努力进取，争取在近两年内使企业在保护与发展两方面再上一个台阶，实现创国家级生产性保护示范基地的目标。

2. 传承拓展

（1）在现有传承人的基础上，以协会的名义，向四川省、阿坝州以及相关县各级政府主管部门申报一批基础好、在保护和传承方面表现突出的藏羌织绣艺人，为藏羌织绣各级代表性传承人。

（2）继续采取举办培训班的形式，在阿坝州藏羌地区以及省内其他地区的农村和乡镇开展传习活动，力争在5年内使参加培训的学员人数达到5000人/次。

（3）积极扶持残疾人就业，计划在参加培训的学员中吸收10名～15名残疾学员为公司的正式成员，从事藏羌织绣。

3. 发展与创新

发展与创新主要落实在以下四个方面：

（1）扩大公司规模，努力创造条件，积极筹备在九寨沟县建立藏羌织绣文化交流中心，在红原县农村建立藏族织绣传习所。

（2）整合藏羌织绣的传统针法、技法、图案，在保证非物质文化遗产的核心技艺不变的前提下进行再创造。目前，已经完成设计并进行实施的作品有9米的《羌绣长卷》，此长卷将成为面积最大、难度最高和内容最全的羌绣代表作，具有极高的收藏价值和艺术价值；巨幅刺绣唐卡《五部文殊菩萨》计划在技法、难度、精度等方面超过前两幅巨幅刺绣唐卡——该巨幅刺绣唐卡已经完成，于2014年6月中国成都第四届非物质文化遗产节上已经展示；从2013年起至2018年5年间再创新类似作品5件。

（3）大力开发适销对路的创新产品，将传统的刺绣特征结合现代设计元素，创作出能够被市场接纳的工艺品或实用品。从2013年起，公司每年都将进行科学的市场调查，以市场调查结果为指导，努力拓展其销售渠道，通过参加全国范围极具影响力的各类展览、博览会，增强产品的宣传力度及知名度，在现有产品主打旅游品市场、礼品市场的同时，通过在北京、香港等国际化大城市设立销售网点，扩大其国际知名度，在占领国内市场的同时，向国际市场拓展，力争让优秀的传统藏羌织绣精品走向世界。

（4）加大对实用品的设计力度，以传统的藏羌织绣的针法、技法、图案为基础，引入现代设计理念，把传统与时尚结合起来，设计出更具有市场竞争力的产品。目前，以传统藏族挑花刺绣和羌绣技艺为基础，结合了三角针等针法技艺，设计制作了一系列反映藏羌地区优美风光、人文风情的精美刺绣产品。该类产品一方面传承了藏羌刺绣色彩艳丽明快的特点，另一方面因其融合了现代艺术元素，其精致度、立体感均得以加强，赢得了消费者的喜爱和市场的认可。

笔者于2013年7月完成书稿，截至2014年12月，时间又过去了近一年半时间。在这一年半时间里，成都杨华珍藏羌织绣文化传播有限责任公司履行（2013～2018）企业发展基本目标，在非遗保护、产品创新、技艺培训等方面再创佳绩。

首先是自2013年3月企业向文化部申报的国家级非物质文化遗产生产性保护示范基地，于2014年5月被批准并正式授牌。该基地涵盖了藏族编织、挑花刺绣工艺和羌绣两项国家级非物质文化遗产项目。

二是自2011年初开始，由杨华珍设计，杨华珍、汪斯芳、蔡曲扎、汪清树四位著名藏羌刺绣技师通力合作，历时两年半，于2013年5月完成羌绣长卷《吉勒格瓦》。该长卷选用羌绣挑花传统技法，运用羌绣中最传统的色彩，集羌绣中近百种传统图案，精工细作而成。该绣品长达9米，高度达0.8米，堪称新中国建立以来羌绣中长度最长的绣品。作品以巧妙的构思，精心的设计，勾勒出了羌族多姿多彩的风俗风情。该绣品一经面世，即受到社会的极大关注，一举获得“第四届四川省工艺美术精品展”金奖。在产品面向市场方面，企业制作的旅游小产品“藏羌绘绣包系列”，荣获“2014中国旅游商品大赛”四川赛区金奖。

三是开展了与国内外高校、国际品牌、名人的交流与合作，取得了可喜的成效。邀请了香港理工大学袁文俊院士作为成都藏羌文化博物馆的品牌顾问，开展了与国际品牌、名人的合作。首先是为法国“欧莱雅”彩妆品牌“植村秀”限量版洁颜油设计了两款具有深远意义的刺绣图案，并得到采纳和应用。另与五月天乐队主唱阿信、台湾艺术家设计师不二良、香港美发品牌Hair Corher等合作，将藏羌文化元素融入到了服装设计、品牌推广中。

四是自2013年8月至10月，先后组织藏羌织绣技师赴阿坝州汶川县绵虒镇羌锋村、九寨沟县宝华乡土门村开展藏羌织绣技艺培训工作，共开班5个班次，共计培训270余人。

（四）企业近年来取得较快发展的诸要素

回顾成都杨华珍藏羌织绣文化传播有限责任公司四年多来的发展历程，有许多经验价值的总结，同时也带给人们许多启示。

成都杨华珍藏羌织绣文化传播有限责任公司是一个从2008年“5·12”汶川大地震后成长起来的民营企业，是一个在非物质文化遗产的保护和发展方面做出突出贡献的民营企业。四年多来，从白手起家到现在拥有藏羌绣苑、中国汶川藏羌绣传习所两个集展示和生产为一体的两个实体，一个博物馆——成都杨华珍藏羌文化博物馆的规模，成为“四川省藏族编织、挑花刺绣生产性保护示范基地”，“四川省特色文化旅游品牌企业”，其部分产品荣获2011年“四川省手工艺文化品牌产品”称号。再加上许多作品在国际、国内、省内的展示评比活动中，获得金、银、铜奖。都强有力地证明了这个企业，踏实创业，勇于开拓的不平凡的历程。

企业的发展之所以如此迅速，所取得的成效如此显著，归纳起来，其成功经验大致有以下几点：

1. 大环境的促成

所谓大环境的促成，其中主要有两点，一是自2004年我国全面启动开展非物质文化遗产保护工作以来至今，非物质文化遗产的保护工作已深入人心，人们的文化自信和文化自觉意识不断提高，非物质文化遗产保护的力度逐步加大。二是党的十七届六中全会所作出的《中共中央关于深化文化体制改革推动社会主义文化大发展大繁荣若干重大问题的决定》，为全党全国人民指明了在当代条件下推动我国社会主义文化大发展大繁荣的方向，极大地推动了我国社会主义文化的发展。应当说。成都杨华珍藏羌织绣文化传播有限责任公司的创业和发展遇到了极好地机遇。

2. 各级领导和政府的关怀

自藏羌绣苑建立以来至今，从中央到地方的相关领导，都曾接见过企业负责人杨华珍，或是亲临过藏羌绣苑和中国汶川藏羌绣传习所。例如原中共中央政治局常委李长春，中共中央政治局常委、全国政协主席俞正声，中共中央政治局委员、国务委员刘延东，原中共中央政治局常委、中央纪律检查委员会书记吴官正，原中共中央政治局委员、国务院副总理回良玉，中共中央政治局委员、中央书记处书记（原四川省委书记）刘奇葆，国家文化部部长蔡武，全国妇联书记处书记黄晴宜等。除

中央政治局委员、中央书记处书记、中央宣传部部长刘奇葆同志在四川任省委书记时在汶川中国藏羌绣传习所考察时的情景

李铁映同志在出席2012全国工艺美术行业年会后专程到文殊坊中国藏羌绣苑考察时与杨华珍亲切交谈的情景

全国妇联书记处书记黄晴宜同志与杨华珍亲切交谈

第四届国际非遗节期间，原国家文化部副部长王文章一行到文殊坊中国藏羌绣传习所、藏羌文化博物馆进行视察。对藏羌绣的创新时尚产品给予了高度评价

国家文化部部长蔡武同志在成都中国藏羌绣传习所考察时杨华珍向蔡部长汇报工作时情景

四川省人民政府省长蒋巨峰在中国汶川藏羌绣传习所与杨华珍亲切交谈

原文化部党组书记于幼军（前排左4）与藏羌绣苑员工合影留念

此而外，还有许多省部级领导也亲临藏羌绣苑和中国汶川藏羌绣传习所指导工作。上述领导的接见和亲临，无论对企业负责人杨华珍，还是企业都是极大的关怀，更是一种鼓舞。记得杨华珍曾经对笔者说，她在受到李长春的接见时，李长春曾握着她的手，语重心长的说，少数民族地区的非遗保护和传承工作，就要靠你们来担当。这句嘱托很长时间都一直萦绕在她的脑际，并成为她的一种勇于担当的动力。

从四川省到阿坝州的文化主管部门，更是对成都杨华珍藏羌织绣文化传播有限责任公司关怀备至，无论是对企业产品的外出展销，或是帮助企业克服所遇到的困难，都力所能及地给予政策上的扶持。就以成都华珍藏羌文化博物馆的成立为例，从申报到陈列展出，省文化厅、省文物局、成都市文化局等单位都给予了大力扶持和帮助。又如在中国汶川藏羌绣传习所的建立过程中，汶川县委、县政府以及相关部门，对于选址、开业，以及传习艺人的经费补贴等方面，都给予了实质性的关照。成都杨华珍藏羌织绣文化传播有限责任公司之所以能够在较短的时间内取得较快的发展速度，与各级领导和政府部门的关怀是分不开的。

3. 社会各界的鼎力相助

成都杨华珍藏羌织绣文化传播有限责任公司的发展从一开始就得到社会各界的鼎力帮助。其中包括四川省内的一些专家学者和实力派的企业的帮助。最突出的实例便是中房集团成都公司，从四年前杨华珍建立藏羌绣苑开始，就给予了无私的援助，方始该企业在当时极端困难的境地下得以顺利起步。及至2012年，企业扩大规模，中房集团依然给予了不少关照。中房集团始终如一的帮助，是成都杨华珍藏羌织绣文化传播有限责任公司在创建和发展道路上的又一个重要的外部因素。

4. 企业的坚守

企业在非物质文化遗产的保护和发展进程中，始终把握住了两个坚持。一是坚持对藏羌织绣核心技艺、本真性、完整性的保护；二是在对藏羌织绣保护的基础上，坚持面对市场，开拓创新。这犹如非物质文化遗产性质的企业的两条腿，哪一条腿都不能出问题，否则，抑或丧失非物质文化遗产保护的功能，抑或裹足不前，缺乏活力。只要坚持了二者之间的协调和统一，企业才会沿着一条健康、正确的轨道前行，才能真正实现非遗项目生产性保护的目的。两个坚持是成都杨华珍藏羌文化传播有限责任公司在市场经济条件下健康发展最为重要的内因。

5. 有一个勇于担当、勇于开拓的带头人

前面已经叙及，成都杨华珍藏羌织绣文化传播有限责任公司是杨华珍创办的，作为企业的带头人，有一身过硬的嘉绒藏族织绣的本领，自然是一个先决条件，但仅有这个条件是远远不够的。更重要的是要具备积极的有“为”精神，有“为”才会有“位”。所谓有“为”就是勇于担当、勇于开拓。具体而言，她在成立嘉绒藏族编织、挑花协会和藏羌

绣苑之初，就是以一颗赤诚之心，怀着帮助灾区妇女开展生产自救和弘扬传承藏族优秀的非物质文化遗产的两大目的，以极大的热情，勇敢挑起了这两副担子，从而得到了四川省阿坝州各级政府文化主管部门的充分肯定和认可。为了企业的生存和发展，为了使非物质文化遗产项目能在市场经济条件下，使其资源能够得到伸延，项目业态得到扩展，真正达到以保护促发展的目的，杨华珍作为带头人，不仅在保护上有新招，在产品的市场开拓和创新上，也敢字当头，迎着困难上，壮起胆子闯。所以说，成都杨华珍藏羌织绣文化传播有限责任公司之所以有今天，除了政府的扶持，社会的关注，与有这样一个带头人是分不开的。

如果说成都杨华珍藏羌织绣文化传播有限责任公司四年多来的发展历程，能够给予人们的启示的话，那么这个启示归结起来便是："贵在坚持"和"贵在自信"上。成都杨华珍藏羌织绣文化传播有限责任公司从创立之初，就遇到了较大的困难，如果没有"贵在坚持"的精神，很可能在当时就会趴下。之后一路走来，时时都有无以言表的困惑，时时都有坡坡坎坎，如果稍有懈怠，知难而退，那么今天的状况是很难设想的。俗话说，坚持就是胜利。这句话在成都杨华珍藏羌织绣文化传播有限责任公司得到了应验。未来的路还很长，依然还会遇到各种预想不到的困难，"贵在坚持"这种精神还得一如既往。"贵在自信"并非是盲目自信，妄自尊大，而是建立在对自己的民族文化的一种坚守信念上，从而逐渐提高其文化自觉意识。文化自觉意识提高了，文化自信才会更坚定，才会将其付诸对所从事的藏羌织绣非物质文化遗产保护上。

参考书目

一、图书

钟敬文，《民俗学概论》，上海，上海文艺出版社，1998年出版。

田自秉，《中国工艺美术史》，上海，东方出版中心，1985年出版。

龙宗鑫，《中国工艺美术简史》，陕西，陕西人民美术出版社，1986年出版。

上海市纺织科学研究院《纺织史话》编写组，《纺织史话》，上海，上海科技出版社，1978年出版。

黄修忠，《蜀锦》，江苏，苏州大学出版社，2011年出版。

卞宗舜、周旭、史玉琢，《中国工艺美术史》，北京，中国轻工业出版社，1993年出版。

林锡旦，《中国传统刺绣》，北京，人民美术出版社，2005年出版。

林锡旦，《苏州刺绣》，江苏，苏州大学出版社，2004年出版。

赵敏，《中国蜀绣》，四川，四川科技出版社，2011年出版。

孙建君，《中国民间美术教程》，天津，天津人民出版社，2005年出版。

董季群，《中国传统民间工艺》，天津，天津古籍出版社，2004年出版。

李友友，《民间刺绣》，北京，中国轻工业出版社，2006年出版。

阿多，《解读苗绣》，北京，民族出版社，2007年出版。

杨正文，《苗族服饰文化》，贵州，贵州民族出版社，1998年出版。

杨清凡，《藏族服饰史》，青海，青海人民出版社，2003年出版。

王辅仁、索文清，《藏族史要》，四川，四川民族出版社，1981年出版。

康·格桑益西，《藏族美术史》，四川，四川民族出版社，2005年出版。

雀丹，《嘉绒藏族史志》，北京，民族出版社，1995年出版。

杨嘉铭、杨艺，《千碉之国——丹巴》，四川，巴蜀书社，2004年出版。

《中华人民共和国非物质文化遗产法》，北京，中国法制出版社，2011年出版。

费孝通，《费孝通论文化与文化自觉》，北京，群言出版社，2007年出版。

黄代华，《中国四川羌族装饰图案集》，广西，广西民族出版社，1992年出版。

钟茂兰、范钦、范朴，《羌族服饰与羌族刺绣》，北京，中国纺织出版社，2012年出版。

李绍明，《李绍明民族学文选》，四川，民族出版社，1995年出版。

乌丙安，《非物质文化遗产保护理论与方法》，北京，文化艺术出版社，2010年出版。

阿坝藏族羌族自治州人民政府，《中国四川藏族装饰图案集》，四川，成都出版社，1992年出版。

马成俊，《热贡艺术》，浙江，浙江人民出版社，2005年出版。

李玉琴，《藏族服饰文化研究》，北京，人民出版社，2010年出版。

四川省音乐舞蹈研究所，《羌族文化传承纪实录》，四川，四川科技出版社，2012年出版。

阿坝藏族羌族自治州马尔康县旅游文化局、阿坝藏族羌族自治州马尔康县文化馆，《绚丽多彩的嘉绒藏族文化》，四川，四川民族出版社，2003年出版。

（晋）常璩撰，任乃强校注，《华阳国志校补图注》，上海，上海古籍出版社，1987年出版。

阿坝藏族羌族自治州文化局，《阿坝藏族羌族自治州文化艺术志》，四川，巴蜀书社，1992年出版。

张鹰，《西藏服饰》，上海，上海人民出版社，2009年出版。

王文章，《非物质文化遗产概论》，北京，文化艺术出版社，2006年出版。

陈苇，《先秦时期的青藏高原东麓》，北京，科学出版社，2012年出版。

刘锡成，《非物质文化遗产理论与实践》，北京，学苑出版社，2009年出版。

四川省劳务开发暨农民工工作领导小组办公室、阿坝藏族羌族自治州劳务开发暨农民工工作领导小组办公室，《羌绣——职业技能培训教材》，四川，四川民族出版社，2012年出版。

阿坝州文化志编纂委员会《阿坝藏族羌族自治州文化志》，阿新出内（2012）字第25号，2012年印发。

耿少将，《嘉绒秘境马尔康》，四川，四川人民出版社，2006年出版。

二、资料及研究文章

（一）文件

《文化部关于非物质文化遗产生产性保护的指导意见》，文非遗函[2012]4号文件。

《国务院关于加强文化遗产保护的通知》，国发[2005]42号。

《国务院办公厅关于加强非物质文化遗产保护工作的意见》，国办发[2005]18号。

（二）研究文章

四川省文物考古研究所、甘孜藏族自治州文化局，《丹巴中路乡罕额依遗址发掘简报》，载《四川考古报告集》，北京，文物出版社，1998年出版。

阿坝藏族羌族自治州文物管理所、成都文物考古研究所、马尔康县文化体育局发表的《四川马尔康县哈休遗址2006年的试掘》，载《南方民族考古》（第六辑），北京，科学出版社，2010年出版。

后 记

2011年5月，国务院公布了全国《第三批国家级非物质文化遗产名录》，阿坝州申报的“藏族编织、挑花刺绣工艺”名列其中。为了进一步加强对该项非物质文化遗产的抢救保护工作，受原阿坝州文化局的委托，让我们编写一本关于“阿坝州嘉绒藏族织绣”的书。2012年6月初，写作开始启动，由于资料缺乏，中途又不得不到阿坝州嘉绒藏区去作田野调查和资料收集工作。整整1年过去了，好不容易在蓉城的蝉鸣之季才算杀青。

在此，对于在写作和田野考察过程中，曾给予我们关照、帮助的人们表示谢意。首先要致谢的是原阿坝州文化局局长冯青龙，自始至终帮助我们协调各方面的关系，解决实际困难；庄春辉副局长亲自陪同我们分两次对阿坝州12个县（除若尔盖县以外）的民族服饰和织绣技艺进行实地考察；严木初主任在马尔康县亲自陪同我们深入到民间艺人家里作现场调查，还陪同我们去了新石器时代嘉绒藏族先民最活跃的地方——脚木足河流域进行了实地调研；陈学志所长为我们提供了许多关于嘉绒藏区的考古资料和线索。其次要感谢成都杨华珍藏羌织绣文化传播有限责任公司的总经理杨华珍和绣娘们。我们自2009年就开始打交道，几年来，在她们那里学到了不少有关藏族编织、挑花刺绣和羌绣的相关知识，否则，我们是不会也不敢承应这个任务的。还特别需要致谢的是，我们在小金县、黑水县、金川县、马尔康县作田野调查时，那些叫得出名和叫不出名的艺人们，其不仅热情接待了我们，而且十分耐心地给我们反复作演示和讲解。应当说这本书也凝结了他（她）们的心血。

暑去寒来又一载，正当我们为该书的出版因经费缺乏感到苦恼时，得到了四川省文化厅非遗处和四川省非物质文化保护中心的鼎力支持，从而使该书得以付梓，在此，特表真诚感激之情。

最后，还向四川民族出版社的责任编辑旦正加不辞辛劳，优质、快捷地编辑出版了该书，深表谢意。

作者

2015年1月于蓉城

图书在版编目（CIP）数据

传承·发展：阿坝州嘉绒藏族织绣研究 / 杨嘉铭，杨艺，冯旸著. —成都：四川民族出版社，2015.8

ISBN 978-7-5409-5987-6

Ⅰ.①传… Ⅱ.①杨… ②杨… ③冯… Ⅲ.①藏族—织物—研究—中国 Ⅳ.①TS941.742.814

中国版本图书馆CIP数据核字（2015）第178493号

传承·发展

CHUANCHEN FAZHAN

——阿坝州嘉绒藏族织绣研究

杨嘉铭　杨艺　冯旸　著

项目总策划　阿旺泽仁扎西
项目执行　旦正加
责任编辑　旦正加　唐学宾
封面设计　旦正加
内文设计　旦正加　唐学宾
责任印制　嘉央朗杰
出版发行　四川党建期刊集团·四川民族出版社
地　　址　成都市三洞桥路12号
成品尺寸　185mm×250mm
印　　张　13.25
字　　数　170千字
印　　刷　成都市金雅迪彩色印刷有限公司
版　　次　2015年8月第一版
印　　次　2015年8月第一次印刷
书　　号　ISBN 978-7-5409-5987-6
定　　价　68.00元